阅读成就思想……

Read to Achieve

梦的力量
梦境中的认知洞察与心理治愈力

［英］艾丽斯·罗布（Alice Robb）◎著
王尔笙 ◎译

Why We Dream
The Transformative Power of Our Nightly Journey

中国人民大学出版社
·北京·

图书在版编目（CIP）数据

梦的力量：梦境中的认知洞察与心理治愈力／（英）艾丽斯·罗布（Alice Robb）著；王尔笙译. -- 北京：中国人民大学出版社，2020.4
书名原文：Why We Dream: The Transformative Power of Our Nightly Journey
ISBN 978-7-300-27966-4

Ⅰ.①梦… Ⅱ.①艾… ②王… Ⅲ.①梦－精神分析 Ⅳ.①B845.1

中国版本图书馆CIP数据核字(2020)第028907号

梦的力量：梦境中的认知洞察与心理治愈力
［英］艾丽斯·罗布（Alice Robb） 著
王尔笙 译
Meng de Liliang: Mengjing Zhong de Renzhi Dongcha Yu Xinli Zhiyuli

出版发行	中国人民大学出版社		
社　　址	北京中关村大街31号	邮政编码	100080
电　　话	010—62511242（总编室）	010—62511770（质管部）	
	010—82501766（邮购部）	010—62514148（门市部）	
	010—62515195（发行公司）	010—62515275（盗版举报）	
网　　址	http://www.crup.com.cn		
经　　销	新华书店		
印　　刷	北京联兴盛业印刷股份有限公司		
规　　格	148mm×210mm　32开本	版　次	2020年4月第1版
印　　张	8　插页1	印　次	2020年4月第1次印刷
字　　数	168 000	定　价	65.00元

版权所有　　侵权必究　　印装差错　　负责调换

我清楚为什么大多数人没有把自己的梦境当回事，因为梦对他们来说太缥缈、无足轻重，而且他们觉得严肃的事才是有分量的事。有人把哭泣看成一件很严肃的事，会用容器把泪水收集起来。但梦境就像一抹微笑，瞬间就消失得无影无踪，如纯净空气般不留痕迹。

但是，如果笑着的面容消失了，微笑依然存在，该怎么办？

苏珊·桑塔格（Susan Sontag）
《恩主》(*The Benefactor*) 一书的作者

前言

2011 年的夏天，我对梦境研究产生了极大兴趣。我跟同班同学们还有一位秘鲁教授到秘鲁安第斯山区的偏僻村落内佩尼亚考察，准备挖掘当地的莫切文明遗址。在两周的时间里，我把带来的小说都看完了，因为行李箱的大部分空间都用来装笨重的雨具和几罐用于应急的花生酱了；我没想到我的上网时间会受到咖啡馆老板反复无常的冲动的影响，这样一来我竟然有了那么多的富裕时间。所以当朋友詹姆斯递过来一本翻烂了的平装书时，一看到封面上画着一束阳光穿透一个人的大脑和一片浮云，我便决定把我的怀疑论抛在一旁。

不过当我扫视该书目录时，还是忍不住对一些章节标题不屑，什么"人生如梦""生活预演"。而那些练习环节也让人心里发怵：听起来怪怪的"双体术"，荒唐可笑的"梦雪莲与火苗术"，预兆不详的"无体术"。这本斯蒂芬·拉伯奇（Stephen Laberge）的《探索清醒梦的世界》（*Exploring the World of Lucid Dreaming*）看起来像极了探讨新世纪自助的平庸之作，但考虑到离营地最近的英文书店乘公交车也要六个小时，我还是努力看了下去。

"毫无疑问，我们都知道人生短暂，"拉伯奇写道，"但更为糟糕的是，我们必须把四分之一到一半的人生交给睡眠。大多数人做梦时还有梦游的习惯。本应清醒而生动地加以利用的无数机会，我们却在睡梦中愚蠢地挥霍掉了。"在拉伯奇所谓的"清醒梦"中，一个正在睡觉的人可以意识到自己在做梦，而且稍加练习，还能控制梦境。说实话，我还真被这本书吸引住了。

大多数人都会在生活的某一时刻体验到清醒梦，但只有大约10%到20%的人经常做这种梦。而对这少部分人中的某些人而言，清醒梦是如此令人愉悦，以至于这成了他们的一种嗜好或一种自助的方式。清醒梦可能看上去比现实更加生动；它们可以提供一种强烈和迷幻的快感，甚至性满足（一位女心理学家声称，自己在三分之一的清醒梦中达到了性高潮；而且生理检测结果显示，女性的梦中性高潮符合真实的生理变化）。也有人利用清醒梦控制噩梦或预演窘迫的现实生活状况。在我所有有关那个秘鲁之夏的记忆中，我在沙漠里喝了秘鲁皮斯科白兰地，发现了一具婴儿干尸，并在非最佳科学条件下打开了裹尸布，不过最难忘的是我第一次做清醒梦的记忆。

晚上九点钟，我躺倒在下层铺位上，蜷缩在睡袋里，因强体力劳动和单调的挖掘工作而感到精疲力竭。我把闹钟定在早上五点钟后，转瞬间便进入了梦乡，由于身体太疲惫了，我的意识并未走上惯常因焦虑而辗转反侧的老路。接下来，场景变了：

> 这是一个夏日的午后——并非安第斯山脉的夏天，不是那种温暖中透着丝丝凉意和多云的夏夜，而是一个酷热的夏日，

前　言

天气热得有些夸张，你恨不得跳进水中，并在阳光下晾干身体。我沐浴在渴望已久的温暖中，在此前从未去过的某个乡下水塘里踩水。在现实生活中，我并不特别喜欢游泳；如果没有潘多拉播客（Pandora）[①]做伴，任何形式的运动健身都让我提不起兴趣。但这一次有所不同——随心所欲、兴趣盎然。我非常清楚地意识到我身上的每个部位、池水凉凉的触感、明澈的天空和池塘周围看上去有些离奇的苍翠森林。

我欣欣然地醒来。

这番记忆根本不像通常云山雾罩的梦境那般模糊，多年以后其细节依然鲜明无比，但我并不那么兴高采烈，整件事也是令人茫然和不安。我此前从未在秘鲁住过落满灰尘的宿舍，并钻到睡袋中睡觉——不过我曾经到某个遥远的地方去旅行，而我也喜欢那里。我在池塘里戏水的过程触动了我的神经，到底什么是真的呢？我无法解释，只是听起来很疯狂。我只知道我想再来一次。

在那个夏天余下的日子里，我和詹姆斯开始练习拉伯奇书中的技巧。我们一边擦拭古代器物表面的尘垢，一边回忆自己前一晚的梦境。我们重复着拉伯奇令人作呕的咒语："今天晚上，我要做个清醒梦。"我们还下了自己的咒语："今天晚上，我们要飞到月球上去。"我们学着辨识梦到的异象，例如发现我们自己飞起来了或者遇到了死人。每隔几个小时，我们便会做一次拉伯奇所谓的"现实测试"，自问自答，是清醒着还是睡着了——这个招数用过一次便忘

[①] 潘多拉是美国音乐流媒体服务商。——译者注

不掉，拉伯奇保证它可以触发清醒梦。

当你把大把的时间花在发掘文物上时，愉快对话的判定标准或许可以降低些，但即使我离开秘鲁后，甚至当聊天对象超过四人，还有高速 Wi-Fi 和汗牛充栋的图书馆相伴时，我都忍不住去想做梦的事。它们是那么丰富多彩、那么神秘莫测，远远超出了我的想象。

我找来一个螺旋装订皮面笔记本，开始记梦境日记，每天早上把能记住的梦境都记录下来。我明白每天都记下一些事情很重要，即使是碎片化的或者乏味的也无妨。结果几乎是立竿见影的。几周的时间里，我的日记本中的条目从应付差事的无回忆或简单的、试探性的小段文字（如我是在观看《胡桃夹子》吗？是有一只蜘蛛吗），过渡到几乎每个晚上两三段情节复杂的长文。这个新的夜生活变得和我清醒的时候（至少和娱乐的时候相比）一样活跃，而也让我感到震惊：我明白了其实我一生都在做这样的梦，但我都是迅速地把它们忘却了，任由它们慢慢消失，就像它们从未发生过一样。我经历了什么样的冒险，然后就忘记了？我错过了什么机会——获得新的洞察力还是仅仅逃避现实世界并休息片刻？

大多数新技能是很难学会的——尤其是那些承诺改变你体验世界方式的技能。掌握一门新语言需要你专注学习好几年的时间。冥想需要频繁、耐心，甚至令人沮丧的练习。收获是逐渐积累的，但我们通常感觉不到这种进步。然而改善你的梦中生活可能只需通过增加你专心思考梦境的时间便可以做到，比如一开始根本就不去想它，到每天想一两分钟；为了记住你的梦境，利用睡前时间思索你

前　言

的意图，并在早上抽时间把梦境记录下来或者通过你的智能手机将其录成音频文件。这个过程不仅毫无痛苦，还很迅速，而回报足以改变人生。逐渐深入地探索你的梦境，就像进入一口与众不同的井中，那里充满了难以企及的幻想和恐惧，它们象征我们的潜意识、创意方案以及项目和问题。

近年来，科学家发现，我们可以通过系统化方式改善我们的梦境回忆，并控制梦的力量。但几千年来，我们人类一直对梦境充满了好奇。一些学者认为，我们祖先最早的艺术作品——洞穴壁画——正是因创作者从夜间幻象中获得灵感绘成的。梦境日记也是最古老的文学类型之一，它们见诸古希腊和中世纪日本的遗迹中。

我们生活在一个用梦境筑就的世界里。无论是我们的历史还是我们的这个星球，梦境始终是其无穷魅力的源泉。我们在梦境中看到有关未来的预言和有关过去的痕迹，以及来自神明的召唤和我们内心的信息。梦境让我们体验到我们已经失去的和从未拥有过的事物。在梦境中，患了小儿麻痹症的人可以正常行走；盲人可以看到光明。医生把梦境当作诊断的工具；艺术家依靠它们获得灵感。垂死之人在有关过往的生动梦境中得到慰藉，这种梦境模糊了意识的边界并使人对现实世界产生怀疑。政治家和神话中的英雄期望通过梦境做决定和靠它们粉饰战争。领导者也会出于善意或恶意利用它们。例如，1919年，当甘地为印度人的公民自由权益抗争受挫时，他说他梦到印度会爆发一次罢工；而"9·11"恐怖袭击后公布的录像带显示，奥萨马·本·拉登和他的追随者交流过有关飞行员、飞机和撞毁建筑物的梦境。即使对于那些声称从来记不住梦境的不足

V

3%的人而言，了解梦境作为一股隐藏在著名艺术作品、改变宗教信仰和政治活动背后的强有力的、被忽视的力量依然很重要。

现代人对自己梦境的无视不仅在历史长河中属于异常现象，而且在当今文化背景下也显然是自相矛盾的。人们痴迷于听到有关睡眠的最新研究成果，但说到为什么我们每天晚上都会失去知觉，科学家们依然没有达成共识。我们很想知道各种屏幕和现代日程安排是如何影响我们的睡眠模式的。各类研究报告警告我们，任何不足八小时的睡眠都会损害我们的健康、相貌和幸福感；或言之凿凿地说，睡六个小时就不少了或者某些人只睡三四个小时足矣。

与此同时，我们详细计划、跟踪和优化我们的时间，购买Fitbit①和利用手机应用，以此分配花在健身、工作和爱好上的时间；我们正在忍受"错失恐惧症"之苦。只是我们在无视自己梦境的同时，挥霍了一个体验冒险和提升心理健康的机会。在普通人的一生中，这样的机会大约有五六年的时间（总睡眠时间的20%到25%）。睡眠通常被视为一种终结方式——一种确保白天高效工作、改善记忆力、调节新陈代谢和保持免疫系统正常的工具。但正如拉伯奇所质疑的那样："如果你的一生必须有三分之一的时间在睡眠中度过，而且似乎必须这样做，那么你也愿意睡在梦境中吗？"

其实这样一门有关梦境的科学直到最近才刚刚确立。基于实践和哲学两方面的原因，神秘的梦境被归入魔术和宗教领域。梦境在实验室里再现并非易事；我们很难收集到完整的梦境报告，而且尽

---

① Fitbit 是美国一家公司生产的智能手表。——译者注

管日本有一种新型扫描仪或许能"读取"特定的梦境主题,但梦境是不可能核实的。另外那些对梦境感兴趣的科学家并不总是以那种专注这项事业的刻板形象大使的面目示人。这项课题最吸引人之处莫过于分享它精灵、古怪的故事——那些尴尬的痴迷者愿意将自己的职业建立在他们可能永远都不会解开的谜题上。但如果这个故事中的主人公有时游离于正统科学的界限之外——基于梦境心灵感应的特点设计注定失败的实验,坚持认为梦境可以预测未来,以及把自己的直觉与证据混为一谈——那么他们开放的胸襟也会帮助他们确认令人惊奇的事实。我逐渐领悟到这条界限是那么模糊——正统科学家接受荒谬的想法是那么理直气壮,而好的想法可能来自不着边际的地方。哈佛大学精神病学专家迪尔德丽·巴雷特(Deirdre Barrett)并未听从某些同事的忠告,而是同意在自己编辑的学术刊物《梦境》(*Dreaming*)上刊登一篇有关超感知觉的论文。她告诉我:"我的立场是,定义学术研究的是方法和设计。一味强调结论是反科学的。"

由于实验室中少数幸运的突破,再加上最近梦境研究突然成为热点,梦境最终得到了应有的评价,在科学领域内获得了越来越高的可信度。在美国,睡眠实验室的数量持续增加,由 1998 年的 400 间增加到目前的 2500 间。我们已经逐渐认识到睡眠对于健康的重要性:世界各地的人们每年花在睡眠辅助药物上的钱超过 500 亿美元,而且专家预计失眠产业将继续壮大;美国的几所大学已经开设选修课,甚至开设完整的梦境和梦境心理学课程;哲学家已经将梦境视为实现身心联系和意识本质理论化的一个节点。

新的技术进展也有助于梦境研究出现革命性变化，使得科学家们可以较之以往更快地和从更具多样性的人群那里收集梦境报告。20世纪大多数梦境研究都是针对白人大学生开展的。但在过去的几年里，全世界各个年龄段的人们都在源源不断地把他们的梦境上传到Dreamboard和DreamCloud之类的网站上，而且科学家们也开始解析那些宝贵的数据。

结果证明，正像任何人都可能猜到的那样，我们做梦的原因是稀奇古怪的和强大的。梦境在我们最为重要的某些情感和认知体系中扮演关键角色，帮助我们形成记忆、解决问题和保持心理健康。

在做梦时，我们将新的信息条目整合到此前已经存在的知识网络中；大脑将近期的经历梳理清楚，标记出供长期存储的最重要的记忆。梦到一项新技能有助于我们掌握它；在睡眠时熟悉一项任务或一门新语言可能与在现实生活中磨炼它们同样有效。

因梦而生的故事令一代又一代读者获得美妙的享受，也带来了改变世界的科学发现。缝纫机和元素周期表就是拜梦境所赐。无数的艺术家和作家（如贝多芬、萨尔瓦多·达利、夏洛特·勃朗特、玛丽·雪莱和威廉·斯泰伦）用他们最著名的作品赞颂梦境。

我们可以在梦中排遣焦虑，准备白天的工作；我们预演试验和测试，增强它们在现实世界中的对应物的熟悉度。我们在无风险的环境中面对最糟糕的情境，所以当真实事件发生时我们就像感受到一缕轻风。梦到新迷宫的人在穿行真实迷宫时会更有效率。做考试噩梦的学生考得比没有做此梦的学生好。梦到创伤性事件会有助

前　言

于我们治愈创伤；相反，类似抑郁症这样的心境障碍经常导致正常梦境出现中断的情况。在大多数梦境中，被剥夺了快速眼动睡眠（REM）的意识容易导致问题。自杀想法一直与梦境或梦境回忆的减少有关。

梦境有助于强化我们的自我意识，释放深层次的焦虑感和欲望，勇敢地面对希望和我们不愿承认的恐惧。它们为我们的灵魂打开一扇窗，一场梦很可能成为识别某种情感问题的关键。

如果未能采取简单的步骤回忆和理解我们的梦境，就好像我们丢弃了一件来自大脑的、可以轻松打开的礼物。只要我们晚上睡眠正常了，无论在什么情况下，梦境的某些认知功能（如帮助记忆形成）都会保持下去；也不管我们是否注意到，梦境都会帮助我们了解新的信息并将新的经验吸收到长期记忆里。

如果我们忽视自己的梦境，便会与它们所带来的某些最强大的益处失之交臂；如果我们关注自己的梦境，便能获取那些本来会湮灭在黑夜之中的灵感。通过对梦境进行一段时间的追踪，当我们再遇到伤脑筋的情形时就会信心满满。

如果我们更进一步，与理疗师或医生讨论我们的梦境，还会得到另一份奖励：梦境有可能帮助我们获得那些本来隐藏很深的精神和肉体问题的线索。而如果我们彻底打开思路，与志同道合的朋友或喜欢梦境的群体更为广泛地分享我们的梦境，甚至有可能更加清晰地理解它们有时凌乱的隐喻和象征，那我们最终会流畅地掌握梦境语言。

在西方世界，有关清醒梦的话题由来已久，但现代科学家只是刚刚开始尊重和探索它。尽管可以在亚里士多德和奥古斯丁的著述中找到有关清醒梦的记录，但直到20世纪70年代科学家们才想出研究这种现象的方法，而且直到最近，那些方法才结出果实，并向我们展示清醒梦的治疗功能以及最为可靠的诱导步骤。

在构思这本书的过程中，我实验了某些先进技术（如治疗梦魇的虚拟现实技术）以及一些原始方法，那些方法只需我集中注意力，再加上纸笔就足够了。我已经掌握了具体的步骤，以此改善梦境回忆、战胜噩梦并对梦境内容加以控制。我将解释哪些方法经过了充分测试、哪些方法适合我，以及我如何做到从偶尔回忆起梦境进化到只要我愿意便会记住它们，还有我回忆的梦境是如何变得更长、更生动和更清晰的。

这是一本有关梦境科学和历史的书，它讲述了之前的文化是如何淡忘梦境的力量的，以及我们最终又是如何重新审视它们的。在你了解到当你睡觉的时候，你的内在生活是如此丰富之后，可以想象——或者说我希望——你也愿意经常记住你自己的梦境，甚至尝试做清醒梦。如果我成功地让你相信做梦很重要，你会发现几乎没太费力气便记住了更多梦境内容。一般来讲，只需对你的梦中生活保持好奇心便足以改善它。另外一种改变梦境回忆的简便方式是，在现实世界里多花一点儿时间思考梦境；还要把本书读完，读者经常告诉我，在和我聊了我的书之后，他们都做了异常清醒的梦。能够清晰地回忆起梦境是做清醒梦的先决条件，如果你从现在开始记梦境日记，当我在后面解释如何诱导清醒梦时，你将拥有先行一步的优势。

激动人心的时刻到了,我们即将开始这次旅程。问题都是由来已久的,而且当研究人员开始深入探索这个神秘领域时,他们有时会发现自己踏上了和前人相同的道路。虽然新的科学以及心理学新研究成果有时与古代的和神秘的信念纠缠不清,但它们还是为梦境的含义和目的提供了期待已久的启示。

目录

01 第 1 章 001

我们是如何看待梦境的

在 19 世纪以前,我们先人用梦来占卜神的旨意,预测未来,解释超自然现象;19 世纪末至 20 世纪初,弗洛伊德、荣格等心理学家通过对梦的解析为来访者进行心理疗愈;20 世纪中叶,学术界对弗洛伊德有关梦的解释理论提出质疑,以至于心理学家面对梦境唯恐避之不及;20 世纪 70 年代,尽管有的心理学家努力把梦境研究引入实验室,以探寻梦境的预示功能及其超自然的力量,但这一时期的梦境研究俨然处于被边缘化的境地。

02 第 2 章 035

研究清醒梦的先驱们

清醒梦是指我们在做梦时保持着清醒的状态。从公元前四世纪的亚里士多德到 11 世纪印度圣僧那洛巴,从 19 世纪的尼采到 20 世纪的弗洛伊德,都对清醒梦有所描写。真正对清醒梦进行深入研究并做出突出贡献的是出生于 20 世纪 60 年代的斯蒂芬·拉伯奇,他通过相关实验,确认了我们在做清醒梦时生理变化与梦境之间的一致性。

03
第 3 章
057

关于梦境的实验

20 世纪 90 年代至 21 世纪初，马特·威尔逊通过对大鼠海马体位置细胞及其睡眠时脑电波的研究，大大推动了梦境研究的复活；2000 年，罗伯特·斯蒂克戈尔德发表了颠覆性发现，即梦境具有学习功能，并可改善失忆症患者的记忆；与此同时，约瑟夫·德科宁克一项引人注目的研究指出，梦境与语言习得之间有着促进关系。

04
第 4 章
071

梦境科学的复兴

科学研究证实，睡眠不仅对于学习至关重要，而且睡眠缺失会导致一系列身心问题。随着睡眠科学从一个冷门专业发展成一个资金汇聚的产业，梦境科学家也在日渐增加的睡眠诊所中找到了归宿。到 21 世纪初，这个舞台已为梦境科学的复兴和重新审视被人遗忘的早期研究搭建起来，而学习那些发现可以帮助我们更深入地了解自己。

05
第 5 章
083

用梦境解决问题

梦境赋予我们探究私人问题和创意项目思路的洞察力。梦境的创造力一直被艺术家和发明家用来展示特别的戏剧化效果。从文学、视觉艺术和音乐到科学、体育和技术，可以归功于梦境的众多艺术瑰宝涵盖了人类成就的每个领域。现实世界里的科学家和数学家也可以从一场跌宕起伏的创造性梦境中受益。

06 第 6 章

梦境的治愈力量

梦境会逐步形成一种重要的心理功能，帮助我们在低风险环境中消除焦虑感、熟悉应激事件，并应对悲痛和创伤。梦境不仅可以帮助我们从既成事实的创伤中恢复过来，还可以作为困难时期的一种减压手段。除此之外，梦境还能帮助我们愈合每当我们思考自己的死亡时所造成的普遍的精神创伤。

07 第 7 章

摆脱梦魇的困扰

尽管适度的坏梦是我们适应现实生活的有益健康的准备，但噩梦却有破坏性的一面。从噩梦中醒来会让人们失去判断力并产生恐慌，便再也睡不着了；对噩梦的恐惧甚至会阻止人们上床睡觉，从而导致失眠的恶性循环，甚至会触发躁狂症。的确，未加抑制的噩梦会给我们的现实生活乃至我们的身体健康造成巨大破坏。但有望成功的新疗法已在完善中，梦魇的压力可以令梦境变得清醒；做清醒梦的过程可以将梦魇变成解脱之旅。

08 第 8 章

探寻梦境诊断之旅

梦境可以暴露我们没有打算流露出来的焦虑感和我们不知道的自己内心所包存的幻想。不管是必须通过分析才能解开的棘手的象征物，还是现实生活场景的文字描述，梦境都会泄露我们情感生活凌乱的内心世界。通过跟踪我们的梦境，也许再加上和医生的讨论，梦境在诊断方面可以发挥重要作用。即使在诊断结果得到确认后，梦境也可以为预测某种疾病如何显露出来再次提供线索。

09
第 9 章
179

从梦境中获得帮助与洞察

心理学家蒙塔古·乌尔曼长期致力于把梦境当作一种自助工具在世界范围内推广，领导梦境小组并指导其他人成立梦境小组。新研究证实了，乌尔曼关于参加梦境小组可以产生若干社会和心理效益的论述。心理学家克拉拉·希尔通过实验，得出了梦境小组在帮助组员改善婚姻关系或处理离婚问题的良好效果。类似这些研究证明，有规则地开展梦境小组活动，在完美控制隐私的前提下可以成为洞察力之源和排遣无聊和孤独的一剂良药。

10
第 10 章
201

我们能控制梦境吗

预演现实生活、激发新的思路、平衡情感、培养社群等都可以通过有规律的梦境获得，而对于那些学习清醒梦的人而言，所有这些益处都是可以放大的。预计在不远的将来，清醒梦在智力、治疗和解决临床问题等方面将大有用武之地。

后记 // 229

CHAPTER 第1章 | 我们是如何看待梦境的

在19世纪之前,梦境一直被归入精神而非科学范畴。在各种宗教传统中,梦境一直被当作一种渠道,普通人可以借此体验另一个世界,而先知可以占卜神的旨意。《圣经》中的约瑟通过给法老解梦赢得了在宫廷中的地位。他解释道,梦见七头肥牛和七头瘦牛分别代表了未来七年的丰收和接下来七年的大饥荒。据说穆斯林的宣礼——或者说祈祷的召唤——便是受到先知穆罕默德一名同伴梦境的启发而确定下来的。在彷徨的时刻,穆罕默德自己的梦境让他得到慰藉,并确认自己的做法是正确的。印度教的经文告诉我们,梦境蕴含了即使不符合常理但依然可以信赖的预测;梦中掉牙是死亡的前兆,而被砍头的梦魇则是长寿的象征。据信佛祖释迦牟尼便是托梦诞生的,他的母亲摩耶夫人在梦中看到一头驮着莲花的白象绕着自己踱步,并进入自己的子宫。

· · ·

梦境经常被视为进入未来的窗户。在古代,医生对待梦境的态度就像得到了神奇的 X 射线,在诊断患者病情时可以从梦境中寻找线索。亚里士多德在公元前四世纪曾写道:"疾病和其他瘟热病侵入人体的初期,必定显现在梦境中而不是在清醒的时候。"古希腊名医希波克拉底（Hippocrates）也曾沉湎于梦境的诊断能力，如他采用一种肤浅的方法断定，梦到湍急的河水预示体内血液充盈。几个世纪以后，盖伦（Galen）[①]声称他通过采用在梦境中提示的疗法挽救了很多人的性命。除了了解患者的临床症状，盖伦还特别重视询问患者的梦境，而且他也严肃对待自己的梦境。盖伦把自己的人生之路归因于一场梦境：在梦中，尊敬的治愈与梦境之神阿斯克勒庇俄斯（Asclepius）要求他成为一名医生。

这位希腊梦境之神激发了狂热的献身精神。即便在创造他的文明崩溃以后的几千年间，仍不断有地中海沿岸的朝圣者和残疾者来到希腊埃皮达鲁斯城，在阿斯克勒庇俄斯的庙宇前祭拜他，在一座号称圣所的内殿里睡觉，祈求诊断或治愈之梦。在阿斯克勒庇俄斯圣殿发现的遗迹处（出土有陶制四肢、头部和长有肿块的手指）见证了他被认为拥有的强大力量：

> 一段铭文提到一个名叫卢修斯的男人因胸部疼痛来到罗马阿斯克勒庇俄斯神庙。在那里，他在梦中得到指令，要求他把从祭坛里收集的香灰与葡萄酒混合，然后将这种万能药敷于体侧。另一段铭文则描述一名失明的士兵也在梦中得到指令，要求他用蜂蜜和白公鸡的血制成药膏后涂在眼睛上。

栩栩如生的意象、神秘的来源和强大的影响力，如此的梦境令那些超自然的解释似乎有一定的合理性。与上帝交流的梦境或探访死者的梦境可能在最坚定的无神论者心中灌输一种敬畏感，令他们

[①] 盖伦是古罗马时期著名的医学家和哲学家。——译者注

在精神上更加忐忑——是否自己已经与天国的某处入口擦肩而过。梦境甚至可以改变我们的信仰。一位卫理公会教派的传教士曾经诉苦说："在涉及我们的宗教和祷告者的问题时，我的目标经常变得'很严肃'，这并非布道的结果，而是通常源自'梦中的警告'。"

一些学者甚至辩称，宗教本身起源于梦境和我们致力于了解它们的各种尝试。心理学家凯利·巴克里（Kelly Bulkeley）和神经科学家帕特里克·麦克纳马拉（Patrick McNamara）认为，人们发明宗教架构是将其作为了解梦境内在神秘体验的一种方式。甚至普通的梦境都会把我们投入非常类似神话世界的另类世界中——那些宇宙拥有不同的规则或者根本没有规则，那里的人们可以化身为怪兽，那里的超人对私人事务特别感兴趣。不管在睡梦中还是在现实生活中，意象都会驱使我们寻找答案。一些研究显示，精神分裂症患者——其病症特征就是幻觉——更有可能变成宗教狂而非普通人。

梦境是产生上帝概念或超自然活动者（指表现出拥有独立意志的非人类智慧生命体）的强大机制。当心理学家理查德·施维科特（Richard Schweickert）和奚庄庄对上传至梦境分享网站 DreamBank 的一组梦境报告样本进行分析时发现，在每个符合"心理事件理论"（theory of mind events）的梦境中，平均存在大约九个意象；梦者为其中一个意象角色指定了独立活动能力或内在情感。例如，一个吸血鬼会畏惧其头领；一具活生生的尸体表达出想离开的意愿；当梦者在一张书桌上开动自己的电动轮椅时，有人会大吃一惊。在梦境中，人们为他们创造出来的人物赋予动机和情感，这一点类似他们如何猜测幽灵和神明的意志。

梦的力量：梦境中的认知洞察与心理治愈力

　　巴克里和麦克纳马拉指出，在人们如何挖掘梦境的含义与如何分析宗教经文是存在相似之处的。"每当我们决定'解读'一场梦境时，也期望用一整天的时间思考几次梦中活动和意象。"麦克纳马拉在《万古》（*Aeon*）杂志上写道："毕竟，第一次就能完整理解一场梦境基本上是不可能的……（如果我们是'信徒'的话）当我们阅读神圣的经文或聆听宗教故事或试图解释我们自己的宗教体验时，同样似是而非的解释性立场也会出现。"从一场鲜活的梦境中醒来，就像合上一本圣贤书，仅仅是解释过程的开端。我们在以上两种情形下都不会简单地接受这种体验的表面价值；相反，虽然知道记忆终归只是记忆，但我们还是沉迷于记忆的原始力量。很快我们将改动经文或梦境，并解析其含义，开启一个"无穷诠释、解释和重新解释"的循环，从而引出"新的含义"，甚至"新的具有仪式感的程序"。

　　在快速眼动睡眠期间发生的神经化学变化让我们的大脑做好了产生甚至相信离奇意象的准备。众所周知，多巴胺是与愉悦和奖励有关的神经递质，而乙酰胆碱是一种涉及记忆形成的化学物质。在此期间，就像乙酰胆碱的变化一样，多巴胺水平也会出现激增。大脑情感中心（杏仁核以及整个边缘系统）的活跃程度达到峰值。与此同时，与理性思维和决策有关的主要区域背外侧前额叶皮质会关闭，与自我控制有关的 5-羟色胺和去甲肾上腺素水平会下降。其结果是，为激动人心的、精神紧张的意象营造了一个完美的化学物质基础：大脑中产生情绪的位置被激活，而保持它们处于受控状态的区域则安静下来。"人们始终很好奇，为什么梦境看上去那么容易产生宗教思想？"麦克纳马拉说，"梦境拥有一种产生这种超自然活动

第 1 章 我们是如何看待梦境的

者概念的天然认知机制。"

历史上，即使在相对怀疑主义阶段，梦境也被广泛认为是拥有超自然的起源。在启蒙运动高潮时，理性的西方人依然在获得指导和预测未来时求助于他们的梦境。历史学家安德鲁·伯斯坦（Andrew Burstein）在《林肯梦到身后事：从殖民地时代到弗洛伊德的著名美国人的午夜意象》（*Lincoln Dreamt He Died: The Midnight Visions of Remarkable Americans from Colonial Times to Freud*）一书中写道："美洲早期的解梦者和铁匠、急救服务提供者以及其他小商贩一样普遍。"各种荒谬的解梦指南所描述的"梦到白色、紫色、粉色或绿色是好事；梦到棕色或黑色则预兆不详"铺天盖地。报纸上也经常发表忽视梦中预警的傻瓜故事。美国新罕布什尔州的《弗里曼神谕报》（*Freeman's Oracle*）曾刊登过一篇这样的故事：

> 一名年轻水手的妻子在梦中看到自己丈夫的尸体漂浮在海面上，于是乞求他不要参加船长在甲板上举办的晚宴；水手未听从妻子的警告，结果给淹死了。

对做梦感兴趣的并不只局限于那些没有文化或迷信的人。埃兹拉·斯泰尔斯（Ezra Stiles）是 18 世纪耶鲁学院的院长，他在自己的日记里孜孜不倦地记录下相熟之人带有预言性质的梦境。美国前总统约翰·亚当斯（John Adams）和物理学家本杰明·拉什（Benjamin Rush）互致信件，描述他们的梦境，比着看谁享受到了更丰富的梦中生活。亚当斯因一场梦而特别感动，在梦中，他向一家动物园的众多动物们（狮子、大象、狼）阐述它们应当成立一个"至高无上的动物政府"的理念。

19世纪科技进步的快节奏只是让西方人对超自然的兴趣更浓厚了。普通人对于自己可以超越此前无法想象的距离去旅行和交流的新能力充满敬畏，他们很想知道与铁路和电报相比，女巫和幽灵是否还称得上不可思议。19世纪80年代，一群著名的英国学者和哲学家聚在一起，创办了英国灵魂研究协会（Society for Psychical Research）。他们搜集心灵感应的故事和幽灵目击报告，并将它们编纂成上千页超自然现象存在的案例集。他们向五千多人邮寄了问卷调查表，请求他们报告任何预测到后来真正发生死亡的梦境，而且得出这些梦境太普遍，已经无法用巧合来解释的结论。

报纸都喜欢刊发读者涉及政治的梦境，仿佛期待它们提供有关国家未来的线索。约瑟夫·普利策（Joseph Pulitzer）的《纽约世界报》（*New York World*）曾宣布举办一项全美"最佳梦境"大赛，鼓励该报几十万读者把自己最独特的梦幻写出来。由纳撒尼尔·霍桑（Nathaniel Hawthorne）① 的儿子朱利安（Julian）评选出来的做梦冠军是一位来自马里兰州的前教授，他在文章后的签名是 J. E. J. 巴克伊（J. E. J. Buckey）。巴克伊写道：

>一天晚上，我射杀了一名陌生人并站在那里看着血从他的脖子里喷涌而出。第二天，当我步行上班时，依然没有从梦境中回过神来。突然，我撞见了在噩梦中出现的那个人。恐怕他也认出了我。那个人转过身来，祈求我不要开枪。我确信他知道发生了什么事——我们做了同样的梦。

---

① 美国心理分析小说开创者。——译者注

第 1 章 我们是如何看待梦境的

19 世纪 50 年代，法国医生路易·阿尔弗雷德·莫里（Louis Alfred Maury）成为最早尝试以经验为主研究梦境的科学家之一。他把自己当作实验对象，并与外部环境互动，以便观察能否影响自己的梦境。他让一位助手在他睡着的时候用一根羽毛搔痒他的鼻子，他梦到他脸上的一副面具被扯了下来。他让别人把水滴到他的前额上，这时他梦到自己大汗淋漓并喝了葡萄酒。由此，他得出一个重大结论：梦境并不来自神明而是来自我们周围的世界。

科学家差一点就要到下一个世纪才会注意到，梦境在解决问题方面所发挥的作用。好在 1892 年，发育生物学家查尔斯·蔡尔德（Charles Child）曾向 200 名大学生求证，他们是否意识到，梦境中的某件事物能帮助他们化解现实生活中的挑战。大约 40% 的学生说他们有过这种经历；有几名学生声称因做梦解出了头天晚上的代数难题；一名学生回忆起发生在预科学校的一个例子，当时一场梦境帮助他完成了家庭作业，在早上提交了一段翻译得非常棒的维吉尔[①]的诗歌。

世纪之交，西格蒙德·弗洛伊德（Sigmund Freud）将梦境提升到一个新高度，第一次为其赋予了正统的学术地位。他令梦境成为新学科精神分析学的焦点，称赞它们是"探索大脑无意识活动机理的捷径"，并断言"精神分析建立在梦境分析的基础之上"。

他在《梦的解析》（*The Interpretation of Dreams*）一书中指出，通过考察梦境，患者或他们的分析师可以发现梦境所蕴含的神秘愿

[①] 奥古斯时代的古罗马诗人。——译者注

望，并揭开无意识的真相，从而赋予它们治疗患者神经官能症的力量。由于梦境源于我们的大脑，所以梦境的每个意象——陌生人、情人、无生命物体——都代表了自我的某个方面。

弗洛伊德最重要的主张之一是，梦境代表了愿望满足；它们容许我们满足自己意识到的愿望，乃至我们自己都无法承认的愿望。这些愿望可以是意味深长的，例如渴望回到童年和获得一位情感冷漠的父母的关爱；也可以是简简单单的，例如希望减轻晚上出现的一阵阵饥饿感。弗洛伊德的女儿安娜在19个月大的时候，因草莓吃太多都吐了，当天便不被允许再吃草莓。那天晚上，弗洛伊德听到她在睡梦中哭喊："安娜、草莓、蔓越橘、煎蛋、爸爸！"他推测，宝宝正在梦里安抚自己的饥饿感呢。

一般来讲，愿望并非如此浅显。弗洛伊德认为，梦境隐晦的本质构成了一层保护，使得我们在晚上睡觉时不会被梦境的核心问题搞得不知所措；就像保护视网膜免于阳光直射的太阳镜，它们把我们与我们无法控制的事物隔离开来。弗洛伊德将梦的"显性内容（回忆出来的情节和意象）"与"潜性内容（激发梦境的被压抑的欲望）"做了区分。他认为在整个白天，有一种名为"潜意识压抑力"的机制在监督大脑，并死死地压制住社交上不能接受的或危险的想法。在睡眠期间，他怀疑这种潜意识压抑力会停止工作，令某些不适当的想法泄露到意识区。

在某些梦境中，潜性内容经过了彻底伪装；而在其他梦境中，正如在儿童的梦境中一样，潜性内容就比较好理解。通过弗洛伊德所谓的"梦的工作"，模糊不清的隐藏想法被转变成更容易辨认的显性内容。逆向处理各个过程——凝缩、置换、具象化考量，以及二次加工，可以让精神分析学家解开梦的含义并识别其核心问题。

通过凝缩作用，梦者生活中的各种元素交织在一起，颠覆时间和空间法则。一个角色可能拥有某个人的身体，但名字是另一个人的，或出现在某个不协调的环境中。一个曾经的小学同学可能总来办公室晃悠；你本来以为受到家长的训斥，但话是从一个公众人物嘴里说出来的。这是最令人不安的梦境特征之一。正如米兰·昆德拉（Milan Kundera）在小说《身份》（Identity）中所沉思的那样，梦境"给同一人生的不同阶段都强加了一种无法接受的对等性。或者说，给了一个人所经历的每件事经过矫正后的当代性。它们通过否认一个人当前状态的特权地位而令其失去权威性"。

在一个相关的"置换"过程中，睡眠中的大脑将重要的事与不相干的事合并。一些琐事可能看上去占据了主要情节；梦的本质可能表现为一个小细节。通过具象化考量，想法转变成画面和视觉符号。弗洛伊德将这一过程与诗歌的写作做了对比：就像诗人运用情感和想法创作诗句，梦者也会运用潜在的梦中想法创作画面。在"二次加工"过程也是最后一个过程中，大脑屈服于其自然倾向，从混乱中恢复秩序，并"用碎片和补丁弥合梦境结构的差异"，将梦境中不相干的元素合并成一个在某种程度上具有相干性的故事。

弗洛伊德认为，梦境中绝大多数象征物均涉及性或解剖。例如，代表男性生殖器的物品清单包括所有细长的物体；雨伞的开启动作可以比作一次勃起。原本一位患者把粉色与康乃馨的色调联系起来，但弗洛伊德言之凿凿地和她说，粉色实际上代表了她的

"肉欲"。

一位名叫谢尔盖·潘克耶夫（Sergei Pankejeff）的俄罗斯贵族患者便受到了这种新梦境理论的影响。弗洛伊德称他为"狼人"。经过几年并不成功的分析之后，弗洛伊德确定潘克耶夫的抑郁症可以追溯到患者本人应该已经忘记的童年时代的一次创伤——如果他已经记不起它所诱发的梦魇的话。潘克耶夫当时大概有四岁；在梦中，他看到一群白狼卧在窗外一棵树的树干上，他在自己的床上呆呆地看着它们。弗洛伊德注意到，群狼并没有动，便由此得出结论，他的患者一直渴望安静的生活，因为他曾经在家里目睹了某些疯狂或暴力的举动。他大胆推测，狼人曾经撞见父母做爱。

《梦的解析》于1900年问世，六年中也仅仅售出了几百册。但在接下来的几年里，它的影响力开始扩大，这源自弗洛伊德的精神分析运动声名鹊起，从而引发人们对梦境这一专业领域的新关注。彼时在业内崭露头角的瑞士精神病学专家卡尔·荣格（Carl Jung）是弗洛伊德的一个早期拥趸。在其生活中，荣格相信自己的梦，而且重要决定都是在梦境指导下做出的。从学校毕业后，荣格对接下来学习什么感到很迷茫，他喜欢科学，但同样痴迷历史和哲学。这时，两个引人注目的梦为其指明了方向。在一个梦中，他正沿莱茵河散步，偶然看到一座坟茔。他停下来挖掘它，并激动地发现一堆史前骸骨。在另一个梦中，他在一片黑森林里跌倒在一个清澈的池塘中。当他凝视池水时，看到了一个微微发光的水生动物。荣格从这两个梦中醒来后，感到自己"对知识充满了强烈的渴望"。它们印证了他对自然界的热爱，于是他快乐地投入科学和医学两个大学

第 1 章　我们是如何看待梦境的

专业的学习中。

1906 年，荣格写了一封恭维弗洛伊德的信，从此这两个人成了狂热的笔友。次年，二人晤面，聊了近 13 个小时。弗洛伊德感到自己终于找到了一个称心的门徒。弗洛伊德在 1909 年给荣格的信中这样写道："如果我是摩西，那你就是约书亚，而且将拥有精神病学的应许之地。"他把荣格称作他的"长子"、他的"继承人和储君"。

但他们的关系很快就出现了裂痕。弗洛伊德感受到来自这个年轻人的威胁，而且不赞成他对超自然产生兴趣；反之，荣格讨厌弗洛伊德的傲慢态度。他们最激烈的分歧之一，也是导致他们于 1913 年最终决裂的问题之一是性欲在无意识中的作用。荣格批评弗洛伊德拒绝承认无意识不仅仅是基本欲望的滋生地，并反驳弗洛伊德过分关注性在梦的解析乃至整个精神分析过程中的作用。他赞同梦境揭示了被压抑的欲望，但坚持认为那些愿望所包含的绝不仅仅是性幻想。"梦境展示了主观状态的真实图景，而意识清醒时的大脑否认这一状态的存在，或只是勉强承认它，"荣格在《现代灵魂的自我拯救》（*Modern Man in Search of a Soul*）一书中写道，"梦境提供有关内心生活秘密的信息，透露梦者人格的隐秘因素。只要未被发现，它们都会干扰他的现实生活并只以症状的形式露出马脚。"

荣格认为个体无意识"处在更深的层面上，它并不源自亲身经历，不是个人获得物而是先天的"。他所理解的"集体无意识"是一种由全人类共享的基础心理结构，是由可以追溯到记忆或史前时代的一整套象征物与本能搭建而成的。它是由原型组成的，如"智慧老人"和"大地母亲""见诸各个时代和各个民族"，并体现在神话、艺术、宗教仪式、精神幻觉和梦境中。灵魂是由两个互补的原型构成的，即阿尼姆斯（代表了女性的男性力量）和阿尼玛（代表了男性的女性力量）；阴影原型包含了人格黑暗、肉欲的一面；最重要的原型"自性"代表了意识、无意识以及人格的不同构成要素的整合。正如身体通过维持健康体温调节自身一样，灵魂也努力在意识和无意识之间获得平衡。荣格认为，一个男人为了与女人相处必须接受足够多的阿尼玛；一个女人必须包容她的阿尼姆斯但不能让其压垮她（以免她变得太争强好胜或者太关注家庭之外的生活）。至于阴影，则不应被消除而应被整合。

　　荣格认为，梦境可以帮助人们识别他们灵魂中被遮挡或被忽视的部分。他的一个年轻患者梦到自己的父亲不顾一切地开车，左摇右晃，最后撞上了一堵墙。儿子大骇，斥责父亲，但父亲只是大笑，这时儿子才意识到父亲喝醉酒了。在现实世界里，这个年轻人极端崇拜自己的父亲，那是一位负责任的成功男人，绝对不会做如此危险的事情。那么为什么他在梦里把父亲塑造成这样一个非典型角色呢？经过交流，荣格认识到这个年轻人过于依赖父亲的认可；他对父亲意见的重视干扰了他自己的发展。荣格断定，这个人的无意识是通过提升儿子的地位和削弱父亲的地位实现平衡的。这一解释与年轻人产生共鸣，他同意不再把父亲的意见看得那么重。

　　在 20 世纪初，还出现了另外一种趋势，它促使西方人开始重视梦境：人类学家和民族学家对原住民邻居的文化产生了新的、更为认真的兴趣。到 20 世纪 20 年代，美洲印第安人的艺术和手工艺品风行一时，文化人开始在纽约的沙龙里尝试使用致幻剂。而且他们

第1章 我们是如何看待梦境的

对美洲印第安人对梦境的敬畏很着迷。

在很多原住民文化中,梦境一直被当作连接这个世界和另一个世界的桥梁,那是一个神圣的空间,幽灵和祖先都可以与生者沟通。一个有关巨兽的梦境或许可以解释为象征一次针对该巨兽的围猎可能成功。"确切地说,易洛魁人(Iroquois)只供奉一位神明——梦,"耶稣会传教士雅克·弗赖珉(Jacques Frémin)在1669年写道,"他们臣服于它,极其严格地遵从它的所有指令。"传教士们可能没有抓住原住民信仰体系的细微差别,但他们的报告还是令西方人感到惊奇。弗赖珉回忆了一名易洛魁人提到的有关洗浴的梦境:"一醒过来,他便跑进好几个小屋里,虽然外面天寒地冻,但他依然让朋友们把一壶水浇到他的身上。"还有一个认识的人走了500英里①来到魁北克,因为他梦到在这里买了一条狗。他们感觉即使是梦魇也必须把梦境表演出来。一位传教士声称看到一个休伦人(Huron)在梦到自己的手指被锯掉后便真的把它砍了下来。

让·德布雷伯夫(Jean de Brébeuf)几乎花了毕生的精力,试图将休伦人变成基督徒,他还写到当地人对梦很尊崇:"他们对梦境的信仰超过了其他所有信仰。"正如德布雷伯夫所理解的那样,他们听从梦的敕令——不管是随机的还是复杂的。当一个邻居梦到正在准备一场盛宴时,他半夜跑到德布雷伯夫的房子里,唤醒德布雷伯夫,准备借一把水壶。如果一位病人梦到一场曲棍球比赛能够驱逐让自己生病的魔鬼,那么"不管这个人多么无足轻重,你都会看到一块供村庄之间争夺曲棍球冠军的平整的比赛场地"。

---

① 1英里≈1.609千米。——译者注

当人类学家杰克逊·斯图尔德·林肯（Jackson Steward Lincoln）在 300 年后融入原住民群体时，他发现他们对梦的信仰依然未变。他接触的纳瓦霍人（Navajo）解释说，睡梦中与死人握手类似于死刑判决。如果经过复杂的仪式和好运相助，梦境预言的灾难或许可以避免。克劳人（Crow）相信，梦境和幻觉决定了一个人完整的人生道路；成功是托好梦的福，失败则是忽视梦境埋下的祸根。克劳人会采取煞费苦心的步骤邀请这些非常重要的梦；他们也许会躲到深山老林里，在后背上拖着水牛四处游荡，或者砍掉一截手指作为献祭。

在一个传播很广的成年礼仪式上，睡眠不足的青春期男孩子开始灵境追寻之旅，他们被送到荒野上独自禁食或者祈祷。每个男孩子都要留在树林里——经常要待几个晚上——直到有一天清晰地梦到一个动物，并从它那里得到神秘的知识和超自然力量。"这个仪式的真实目的是将男孩子置于一个肉体极端痛苦和情感极度忧虑的条件下——社会关系孤立，没有食物和水，暴露在恶劣天气下，容易遭受野兽的袭击，"凯利·巴克里在《世界宗教中的梦》（Dreaming in the World's Religions）一书中写道，"按当代美国法律标准判断，这些做法很可能被认定为虐待儿童。"但按美洲印第安人的判断标准，则恰恰相反；灵境追寻是一项特权，是一次获得深刻宗教体验的机会。它的价值不仅在于仪式也在于社交——在这次重大事件中生存下来会帮助新加入者赢得在部落中的地位。

20 世纪 70 年代，人类学家米歇尔·斯蒂芬（Michele Stephen）在巴布亚新几内亚与米克尤人（Mekeo）共同生活了一段时间。"梦境是一次实际体验,并非与现实世界无法区分……而是有非常重大和重要的不同。"这句话正是她就东道主对梦境的态度做出的总结。对米克尤人而言,梦境反映了灵魂在夜晚的活动,人在睡觉时,灵魂是游离于肉体之外的。它"让人们获得一系列通常对他们隐身的知识和能力",为他们提供有关未来的线索和洞察其他部落成员的神秘愿望和意图的能力。如果一位巫师希望在梦中与一个去世的亲属说话,他可能拿来死者身体上的一块遗骸——"通常在葬礼前从尸体上取下一截指骨、指甲盖,或头发备用"——然后对其念一段咒语。如果有人梦到战斗时负伤了或遭到了野兽攻击,他会到没人的地方躲几个礼拜。一名年轻人——一位有抱负的老师——在走了80英里赶到学校后,梦到在一次火与恶灵的地狱逃亡中被抓住了。他明白他的梦魇是在暗示,如果他离开家人去追逐自己的梦想,神明会惩罚他,于是他放弃了这个计划后便回了家。梦境在各基本社会阶层普遍存在:男人和女人、老人和年轻人,都能做提示集体行动的预言梦。如果任何人梦到钓上来一条鱼,那么整个村子必须行动起来,对付即将来袭的恶灵。正如一个米克尤人所解释的那样:"整个村子都听从梦的指令!"

在 20 世纪 80 年代到 90 年代,加拿大人类学家西尔维·普瓦里耶(Sylvie Poirier)曾经到西澳大利亚沙漠里与原住民一起生活,也对梦境与日常生活纠缠到一起感到惊奇:"人们通常围坐在篝火旁,亲朋好友聚在一起喝早茶,并随心所欲地分享他们的梦境,这种情况非常常见。"至于墨西哥西北部的拉拉穆里人(Rarámuri),据一位 20 世纪 70 年代到 80 年代曾经亲自考察过这里的研究人员介绍,"你昨晚梦到了什么?"和"你做了几次爱?"几乎是男人们早上最流行的问候语。有关梦境的话题也并不仅限于在早上谈论。拉拉穆里人并不是一次睡八个小时，而是分几次睡，这使得他们有充足的机会整夜谈论他们的梦境。

· · ·

和人类学家与民族学家一样，20世纪中叶的心理学家喜欢编列条目和统计数据，把这个世界分割成具有人口统计学意义的、容易管理的条块。其中一位最早奉行经验主义原则的后弗洛伊德时代科学家卡尔文·霍尔（Calvin Hall），支持梦境可以透露隐匿情感这样的说法。为了证明这种观点，他借鉴了内容分析——一种正在社会科学领域流行的新方法。

20世纪40年代，凯斯西储大学的霍尔与同事凡·德卡斯尔（Van de Castle）开始在自己的学生中搜集梦境报告。他们在获得了足够多的样本之后，便着手寻找主题和拟定标准。他们阅读了每一篇梦境报告——就好像它们是一个个故事——整理出不同的活动和原型，根据梦境互动内容整理成不同的类别，如失败、成功、侵略。他们统计出朋友、家庭成员、陌生人和动物的数量，计算出男性和女性角色的比例，思考梦者正在做出社交姿态还是仅仅为了守住梦境的秘密。他们还记录了吃饭和性爱等活动出现的频率。

霍尔和凡·德卡斯尔的分析揭示了若干令人震惊的模式。弗洛伊德的假设是梦境充满了神秘愿望，但这些梦境报告却是绝对消极的，明显违背弗洛伊德的理论。侵略性的遭遇与友好的碰面在数量上的对比达到了2∶1；男人半数的梦境与女人三分之一的梦境表现为某种肉体攻击。超过三分之二的情感是负面的，其中位居前列的是恐惧、无助和焦虑。梦境的性别差异明显，其中某些差异并不太令人感到惊讶。性爱在男人梦境中出现的次数通常是女人的四倍。男人的心理风景由其他男人主宰——男性角色与女性角色在数量上的比例为2∶1——但女人梦到男人和女人的数量相等。

不过霍尔和凡·德卡斯尔在反驳弗洛伊德理论的一个方面时却确认了其另一个方面：梦境可以提供一个窥探心理戏剧性场面和内在冲突的重要窗口。当他们结合态度和人格等其他考察手段分析人们的梦境时，发现了一种值得注意的连贯性。那些在白天更具侵略性的人倾向于在他们的梦境中与他人对抗，而那些感觉无能为力的人更有可能梦到被迫害。在梦中存在较多积极互动的人通常在考察自信心和社会控制方面获得高分，而挫折梦和焦虑梦则与精神病理学和攻击性有关联。所有这些发现听起来平淡无奇，但梦境数据库的创建却揭示了原本不为人知的重要例外情况。一个个体偏离标准的行为可以提供他的大脑如何工作的线索——他想到了什么、他如何与他人建立联系，以及他是如何看待自己在这个世界上的位置的。

例如，梦境世界中居住着陌生人是社会异化的象征；朋友少可能是一种精神病症。一项研究发现，在精神分裂症患者的梦境中，朋友只占角色总数的18%；而在抑郁症患者的梦境中，这一比例为22%。精神病学专家米尔顿·克雷默（Milton Kramer）指出："如果你考虑到这些群体所处的社会状况，便能充分理解这一点。"精神分裂症患者通常梦到的是陌生人，他们"生活在一个自己的人类联系人在不断减少的世界里。如果统计一下一天里和精神分裂症患者有过交流的人数，你会发现这一数字赶不上正常人的水平。"抑郁症患者的"麻烦可能与他们的家庭状况有关"。他们可能不成比例地梦到家庭结构和家庭成员——除了他们自己的配偶之外，进入梦境的其他家庭角色大多是儿子、女儿、兄弟。

霍尔和凡·德卡斯尔如何评价弗洛伊德暂且不表，但借助这两个人的定量体系，心理学家可以对比不同人群的梦境。他们发现，当人们遭遇令人沮丧的情境或因酗酒问题或进食障碍苦苦挣扎时，梦境以一种可预见的方式发生改变。跟踪一个患者的梦境可以帮助他们了解危险状况。

在弗洛伊德去世几十年后，精神病学专家开始质疑弗洛伊德理论，他们发现他有关梦境的观点并不总能经得起较新研究的考验，而且也与曾经的门徒卡尔·荣格的观点冲突。荣格的信念无法靠经验来检验；集体无意识的存在不能被证明或否定，但貌似更为可信的是，我们梦境的共性和所有象征性元素都源自普遍的人类体验，如成长、生育和尝试加入社会团体等。霍尔和凡·德卡斯尔发现大多数梦境都是不愉快的，这令他们对弗洛伊德有关愿望满足的观点产生了怀疑。而且青少年的梦境（如安娜·弗洛伊德和狼人）在弗洛伊德的理论中居显要位置，但后续研究显示，儿童的梦境通常不会复杂到反映愿望、隐忧或其他方面。

20世纪60年代，怀俄明大学心理学家戴维·福克斯（David Foulkes）发展了一项理论，即九岁以前的儿童通常记不住自己的梦境。即使当他们在快速眼动睡眠阶段被唤醒时，三至五岁的儿童

第 1 章　我们是如何看待梦境的

能够回忆起的梦境不到做梦时间的四分之一，而且他们所报告的梦境通常仅仅是简单、静止的图像。这一发现——就像这一领域的其他众多发现一样——所获得的途径不是通过某个聪明方案而是纯属偶然。福克斯最初希望发现是否能够控制儿童梦境的情感表达。他邀请儿童进入他的实验室，就《丹尼尔·布恩》(Daniel Boone)[①]中的一段暴力情节或一段中性情节做一次夜间筛选实验。不管是布恩威胁给捕手"剥下头皮"，还是给一个有钱的矿工当红娘，在孩子们的梦境里都没有特别的反映。尽管该实验的结果并不特别有趣，却引发了一系列硕果累累的调查。

福克斯后来向一位记者坦言："我慢慢认识到，我真笨得有些离谱，竟然一直试图观察这些愚蠢的影片会如何改变梦境，而事实上，我们甚至都没搞清楚儿童梦境的基本属性是什么——此前没有人做过哪怕一项描述它们是什么样子的客观研究。"在文献中发现这一缺漏后，他着手予以弥补。他在当地报纸上发布广告，说服 30 名年龄在 3~10 岁之间儿童的父母同意他们的孩子在他的睡眠实验室里一年住九个晚上。

每个晚上，福克斯在快速眼动睡眠周期的策略点上唤醒孩子们三次，并问他们，如果做梦的话，正在做什么梦。本项研究中最小的孩子——三四岁——报告称只有 15% 的快速眼动睡眠唤醒时在做梦，而他们回忆起的零散内容根本不是成年人描述的复杂故事；相反，他们的梦境类似片段或快照，这些图像直接取材于其日常生活并以睡觉和吃饭之类的基本活动为主题。它们都很简单、不带情

[①] 一部根据 18 世纪一位美国拓荒者的经历拍摄的电视剧。

感，基本不包括任何形式的社交活动。动物——如在童话故事和图画书中经常出现的小鸟和牛犊这类动物——扮演比人类更为重要的角色。更具启迪作用的是儿童在他们自己的梦境中所扮演的角色：他们是被动的观察者，看着情节一点点展开而不是去导演它，更不会积极地参与其中。其中一个参加本项研究的男孩子叫迪恩，他四岁时梦到睡在一个浴缸里，并在一台自动售货机旁打了个盹儿。

在五六岁的孩子中，能够回忆起梦境的比例攀升到大约30%，而且梦境报告变得更长、更复杂。学龄儿童梦境中的角色不再分配给动物和食物，而是把他们生活中的真人包含进来。迪恩六岁时梦到与朋友弗雷迪在一间湖畔小屋里玩游戏，和同学约翰尼在操场上赛跑，还在家里用乐高玩具搭了一座桥。只有年龄到了七八岁时，孩子们才开始在他们的梦中扮演更加活跃的主人公。大约与此同时，尽管成人梦的情感印记——恐惧和攻击性——依然缺失，但情感开始出现在他们的报告中。迪恩八岁的时候梦到和五个朋友种下一粒种子，种子生根发芽并长成一棵大树，还经受住了一场火灾的考验，这也刺激他们种下一大片森林。在另一个梦境中，他在公园里看到一束气球，都系到其中一根细绳上，然后被放飞到空中。

随着孩子们逐渐长大，这些趋势依然未改——回忆质量改善、复杂程度提高，动物的重要性降低。当迪恩的妹妹艾米丽12岁的时候，她可以在其86%的快速眼动睡眠唤醒时报告梦境，这些梦境既复杂又普通。在一个梦境中，她发现自己出现在电视剧《家有仙妻》(*Bewitched*)的片场，看着虚构的角色与她的家人混在一处。在另一个梦境中，她向爸爸展示她能吞下自己的一绺头发，再从嘴

第1章 我们是如何看待梦境的

里拉出来。

潘克耶夫的狼梦开始显得不太可信了。较新的研究显示，孩子们其实可以记起复杂的梦境，但几十年来福克斯的研究成果基本没有受到挑战。20世纪60年代，纽约精神分析研究所的成员花两年时间重温了弗洛伊德的梦境理论并得出结论，梦境分析在他们这个行业不再被需要。弗洛伊德之后的这代人发展了更为复杂的治疗方法；现在他们推测，他们可以通过讨论每天的活动和白日梦揭开患者神经症的秘密。

之后不久，神经科学家艾伦·霍布森（Allan Hobson）为弗洛伊德的遗产蒙上另一层阴影。霍布森原本不太可能成为弗洛伊德理论的破坏者；早在上大学时，他便接受了精神分析理论，拼命学习弗洛伊德的文章，甚至其优秀的英文毕业论文也是以弗洛伊德和陀思妥耶夫斯基为题的。但当他进入哈佛医学院就读不久，便放弃了之前的信仰，因为他决定修读精神病学专业，并计划当一名临床医师。弗洛伊德的观点与他正在学习的大脑生物学并不相符，而且当他接受了哈佛科学系的经验主义思潮之后，越来越无法容忍弗洛伊德杂乱无章的方法论，他对自己直觉的偏爱胜过了数据。他也被"骄傲自大的"精神分析老师们踢出了大门，那些人有一种令人讨厌的倾向，恨不得分析每个人的人生之路，连他们的学生都概莫能外。与此同时，霍布森对睡眠的重要性有了新的理解：作为一名医科学生，他夜以继日地工作，疲惫不堪的他忽然发现自己犯了愚蠢的错误，并将其归咎为长期的睡眠剥夺。他的梦境变得愈发清晰了，因为这些梦境通常是在极短的睡眠时间内而不是一个连续的时间段内完成的。

20世纪70年代，霍布森和另一位精神病学专家罗伯特·麦卡利（Robert McCarley）提出了一种新颖的梦境理论：梦境只不过是一种针对无意识神经系统过程的反应。霍布森和麦卡利将微电极植入猫的脑干内——当时的科学家认为这部分大脑是用来触发快速眼动睡眠的——观察神经细胞在一天里的活跃程度。当猫清醒的时候，它们的大脑中存在大量5-羟色胺和去甲肾上腺素。前者在决策和学习方面扮演重要角色，而后者帮助保持专注和注意力。但当猫进入快速眼动睡眠时，它们的大脑停止释放那些化学物质，取而代之的是分泌乙酰胆碱——一种涉及情感和视觉表象的神经递质。这种发生改变的神经化学平衡导致一股混乱的信号从脑干的脑桥区传输到前脑。

霍布森和麦卡利推测，梦境是大脑试图杜撰一个故事以匹配这种独特化合过程的副产品。根据他们的理论模型，正是大脑的生理状态而不是被抑制的记忆或隐藏的欲望决定了梦境内容。例如，你的大脑可能让你以为一个恶魔正在挥舞着刀子追你，不过那不是因为阉割焦虑而是因为你的恐惧中心被随机激活了。"前脑可能完美地做了一件倒霉事，它根据从脑干发出的相对嘈杂的信号制造出了实际上只有部分连贯性的梦境表象。"霍布森和麦卡利写道。而按照这种激活－合成理论，我们忘却大部分梦境的原因并非它们太过禁忌而无法深入思考，而是记忆形成所必需的化学物质缺失了。

霍布森把自己树立成反弗洛伊德的典型形象，频繁接受采访和推出公开课。他甚至在波士顿举办了一场名为"梦想舞台"的多媒体展览，将自己的理论生动地展示出来。他请一位志愿者在一间玻璃屋内小憩，与此同时睡眠实验仪器将他的脑电波和眼睛活动转变成蓝光和绿光，并将它们投射到一台荧光闪闪的动态显示器上。志愿者根本想不到要在表演区外面睡觉，所以他们会被搞得非常疲惫，从而在指令下入睡。该实验偶尔也会出现适得其反的效果；一个精疲力竭的参与者深信霍布森试图通过脑电图机给她洗脑。不管怎样，霍布森通过"梦想舞台"巡回展览告诉大约 30 000 个参观者梦境只是生物学的产物而已。

在霍布森忙于发动攻势反对弗洛伊德梦境理论的时候，另外一种形式的的疗法出现了，它基本上不再关注象征物和无意识。心理分析过程冗长而昂贵，但新的认知行为疗法（CBT）在科学研究方面是有针对性的、注重结果的和理性的。一般来讲，传统的精神病科医生可能会花数年时间接触他们的患者，重新触碰童年时代的创伤，并通过对潜意识潜在地、无尽地挖掘来分析他们的梦境，而认知行为治疗的执业医师只关注当前；他们的目标只是通过培养健康的习惯和摒弃有害的习惯来帮助患者治疗抑郁症或神经症，但并不追溯这些习惯的源头。另外疗效显著、廉价的抗抑郁药和抗精神病药开始上市销售，这也让任何形式的谈话疗法似乎变得可有可无。

到了 20 世纪 80 年代，将曾经备受尊崇的弗洛伊德理论斥为伪科学似乎成为一种时尚。女权主义者攻击他以男性生殖器为中心的理论和对女性的人身虐待。很多理论心理学家恨不得变成真正的科学家，他们不希望自己的职业因争议而受到玷污。"当心理分析领域四分五裂时，梦境研究也逐渐被边缘化。"心理学家梅格·杰伊（Meg Jay）说道。有关弗洛伊德和无意识的讨论被从精神病学的权威书籍《精神障碍诊断与统计手册》（*Diagnostic and Statistical Manual of Mental Disorders*）中剔除。梦境研究的联邦科研经费也逐渐减少。

令人唏嘘的是，早在19世纪80年代，这一领域便被美国灵魂研究协会确立并最终积累了高涨的人气。自19世纪以来，随着偶尔有机构对超自然现象调查表示支持，灵魂学抓住各种机会悄然成长起来。1912年，斯坦福大学就所谓的"心灵感应"开始实验室级别的研究。又过了十几年，杜克大学设立了灵魂学中心，前植物学家约瑟·班克斯·莱因（Joseph Banks Rhine）借助实验心理学的新技术将它们应用到灵魂现象的研究中。他的同事们找到有故事的人；那些人相信他们可以在睡觉时相互交流。例如，有这样一对朋友，他们声称同时梦到在一片着火的森林里相遇。由此可见，共享梦境的存在被当成了精神世界与物理世界并存的证据。

在20世纪60年代到70年代，正当心理学家面对梦境唯恐避之不及的时候，得益于文化开放和精神实验的氛围，这一领域却爆发了。开放的西方人想尽一切办法抛弃陪伴他们成长的价值观，开始涉猎东方哲学、瑜伽、佛教和冥想。1979年，来自纽约的微生物学家乔恩·卡巴金（Jon KabatZinn）在马萨诸塞大学开办了减压门诊，指导医院疼痛门诊患者修炼正念和冥想。受人类学家到各地采风的启发，美国人开始组织完整体验原住民仪式的活动。那些探索者试图在汗蒸小屋（加热到改变情绪的温度）内净化自己。他们阅读寻找幻境的文字并深入森林寻找属于自己的图腾动物。历史学家

第 1 章 我们是如何看待梦境的

菲利普·詹金斯（Philip Jenkins）在《追梦人：主流美国社会如何发现本土精神》（*Dream Catchers: How Mainstream America Discovered Native Spirituality*）一书中写道，美国原住民因"顽强抵抗白人政权和维护共同的传统价值观"而感到荣耀。"并不奇怪的是，一个充满乐观的新印第安主义（Neo-Indianism）新时代应当属于1965年后的10年，这期间发生了越南战争和水门事件、暗杀和城市骚乱、汽油短缺和危险的生态灾难……纵观美国历史，在充满精神错乱和危机的时代里，浪漫的印第安人形象是最受追捧的。"到访美国西南部的旅游者都喜欢购买原住民的小摆件和工艺品。儿童用羽毛和纱线精心制作追梦人。

与此同时，在学术领域，加州大学洛杉矶分校、普林斯顿大学和弗吉尼亚大学都设立了灵魂学实验室。中央情报局资助秘密研究将超感知觉武器化的可能性。1962年，布鲁克林著名的迈蒙尼德医学中心精神科主任蒙塔古·乌尔曼（Montague Ullman）说服其雇主设立一间研究超自然梦境的实验室，乌尔曼制定了复杂的章程，相信怀疑者在这里找不到批评的地方。他筛选了具有通灵能力的志愿者，只有50%的人通过测试。每一个信心满满的被试在初赛时都必须在睡眠实验室里睡一个晚上；与此同时，一位研究助理死死盯着12幅图像中的一幅，并试图将其投射到被试的大脑里。第二天早上，被试被要求从全部备选图像中选择最符合自己梦境的目标图像，并根据符合程度按降序排列。只有目标图像进入前六的参与者才能进入真正的实验中。

那些通过这一筛选的人要首先体现出自己的通灵特长，至少能做到在实验室里睡着觉；这时研究人员会坐在另一个房间里，专注于随机选择的一幅图像，并试图通过传心术传输它。当机器显示志愿者已经进入快速眼动睡眠时，一位监督员会唤醒他并问他梦到了什么。实验结果显示，按照乌尔曼的标准，在超过 60% 的时间里，报告的梦境与目标图像相匹配。例如，一个有关进餐的梦境可以视为与一幅反映《最后的晚餐》的绘画相匹配。在其最著名的一个研究项目中，乌尔曼与同事斯坦利·克里普纳（Stanley Krippner）和查尔斯·昂纳顿（Charles Honorton）在感恩而死乐队（Grateful Dead）的一场音乐会上，请 2000 位观众尝试把一幅图像（一个打坐的人，沿其脊柱排列着明亮的能量中心[①]）传输给马尔科姆·贝桑（Malcolm Bessent）。贝桑是一位自封的通灵者，正睡在他们的实验室里。贝桑报告的梦境是一个人"悬浮在半空中"并提到了"脊柱"。乌尔曼认为这个实验是成功的。

在另一项研究中，精神病学专家凡·德卡斯尔在乌尔曼和克里普纳的实验室里做了八个晚上的实验。令其感到特别骄傲的是，一天晚上一位研究人员正在全神贯注地盯着萨尔瓦多·达利（Salvador Dalí）的油画《哥伦布发现美洲》（The Discovery of America by Christopher Columbus）。这幅画表现少年哥伦布踏上新的海岸，在其身边飘扬的旗帜上，头顶光环的圣母马利亚双手紧握。凡·德卡斯尔当晚的梦境包括"某个相当年轻的男性形象""一个来自大西洋城或大西洋海滩的女人"和"身穿白色罩袍的人"。鉴于德卡斯尔的表现如此成功，乌尔曼和克里普纳便给他取了一个"感

---

① 能量中心也称"轮穴"，这一概念源自古代印度的瑜伽。——译者注

知王子"的绰号。

"回顾过去,令我感到惊讶的是,我们获得了普遍认可,"克里普纳最近表示,"我们在睡眠、梦境和心理学等专业会议上,可以毫无障碍地发表论文。"20世纪70年代,迈蒙尼德医学中心的研究团队收到美国国家心理卫生研究院(the National Institute of Mental Health)的一笔拨款——想获得这家机构的资助可不容易。"65%的自发超感知觉体验发生在梦境中。"其中一位首席研究人员告诉《纽约时报》记者。该记者对此深信不疑。

在同时代的欧洲,精神病学专家正在尝试利用梦境预测自然灾害和全球事件。当威尔士一个矿区小村落艾伯凡发生一场灾难后,最早的"预兆局"在伦敦成立。1966年10月一个星期五的早上,堆在附近小山上的一座巨大的煤矿尾矿堆发生坍塌,摧毁了当地的一所学校,吞噬了一百多名儿童的生命。整个英国社会陷入悲痛之中,人们也由此了解了这场悲剧,一些人声称在数天或数月前已经感觉到会发生某种惨祸。

一听到这起矿难,英国精神病学专家约翰·巴克(John Barker)——很多年前便对超自然现象产生了兴趣——便在第一时间赶到艾伯凡,试图发现是否真的有人预测到了这场灾难。他在英国媒体上发布广告,有76人写了回信并附上了他们感受到预兆的故事,其中有大约一半的预兆发生在梦里。整个英国都有人告诉巴克有关孩子在建筑物中遇险或在雪崩中丧生的噩梦。一名10岁时死于滑坡的女孩的母亲说,在事故前一天女儿一口咬定,她从一个噩梦中醒来并回忆了梦中的情景:"我梦到自己去上学,但学校不见了。

某种黑色的东西把它完全笼罩了。"另一个女人说那天晚上她梦到一团黑色的东西渐渐渗入村子的学校里。巴克在《英国灵魂研究协会会刊》（*Journal of the Society for Psychical Research*）上发表了他的调查结果——很多人感觉不可思议——并发出战斗号令：为了避免下一次灾难的发生，应成立一个机构系统收集梦境并从中寻找警告信号。他和一位科学作家主动请缨，准备成立英国预兆局，并于次年在纽约成立了一间相同的机构——中央预兆登记处（the Central Premonitions Registry）。

在这一狂潮中，彼时某些最杰出的人士都被卷了进来。从1964年10月中旬一直到1965年1月初，小说家弗拉基米尔·纳博科夫（Vladimir Nabokov）仔细梳理了自己做过的梦，希望证明它们包含有关未来的暗示。他的计划受到了一本名为《时间实验》（*An Experiment with Time*）的书的启发。该书的作者是一位英国工程师，他辩称时间可以回溯，而且在梦中，我们把"睡眠中的身体留在一个宇宙中"，却到"另一个宇宙中去漫游"，在过去和未来之间穿梭，重温过去的记忆，瞥一眼将要发生的事。按照这本书的观点，梦境是由"以一种近乎相等比例的过往经历的影像和未来经历的影像混合在一起"构成的。

纳博科夫希望冒险进入这一奇妙领域不足为奇；他从未把睡觉看成理所当然的事。在自己的一生中，他始终在与顽固的失眠症做斗争，甚至强效安眠药都拿它没办法。一天晚上，他在日记中记录去了九次卫生间。另一天晚上，发生了一件值得纪念的事：这么多年来第一次，他终于连续睡了六个小时。

第 1 章　我们是如何看待梦境的

纳博科夫有长期记录自己梦境的习惯，他的夜晚极度活跃，他的描述特色鲜明、文采斐然："在厄运连连的半梦半醒间，看到一道道散乱的微光透过百叶窗的板条；记得在两次深度睡眠之间产生了丰富而怪异的幻觉。"其中一些梦境是常见的场景：丢了行李或者没赶上火车。其他梦境则反映了他尽人皆知的关注点，如蝴蝶、文学和禁忌性爱。在一段"极度色情的"梦境中，他注意到自己的妹妹特别年轻、慵懒。他与托尔斯泰一起喝茶，还举着一柄大勺子追逐蝴蝶。在反复出现的梦魇中，他发现自己"被一群好玩的蝴蝶包围了"，手头也没有网，便徒手去抓它们。

没过太长时间，纳博科夫便等来了他所认为的积极结果。开始实验没几天，在 10 月 17 日的晚上，他梦到与一家省级博物馆的馆长会面。两个人坐着闲谈，桌上摆着一个托盘，盘内装着一种罕见而珍贵的土壤，这时纳博科夫意识到——细思极恐——在他们说话期间，他一直在漫不经心地小口吃那些样品。三天后，在 10 月 20 日早上，他打开电视机，看了一部介绍土壤科学的科教影片——地质学家正在分析一托盘装在"开胃小食袋"里的样品。他认定这部影片便是此前梦境的源头。在他看来，真是"太清楚不过了"。

不过英国学者休·卢埃林（Sue Llewellyn）认为，考虑到我们的梦境都有可怕的预见性，上述案例还不算很疯狂。当我们做梦时，我们的大脑在快节奏地工作，处理我们拾取的信息片段，并把它们用于预测未来。"如果事件存在联想模式，它们可以被用于预测接下来发生什么，"卢埃林在《万古》杂志上写道，"一些模式是不可抗拒的和合乎逻辑的。例如，昼夜交替……一些模式则不太明显。我们称之为'概率性'(模式),因为它们只是基于具有共现倾向的事件,所以我们无法那么自信地预测它们。"卢埃林解释道,当我们清醒的时候,"我们善于发现合乎逻辑、不可抗拒的模式",而"在快速眼动睡眠期间,我们擅长发现不太明显的或预测概率性事件的'遥远的'联想"。

我们在睡觉时会接收巨量信息,所以如果有意识地去思考的话,肯定是不堪重负的。这里是直觉的领地和知识的王国,我们拥有知识但不知它们源自何处。有时我们的身体会给我们提示:几乎无法察觉的威胁即将来临,我们的心跳加快,或脖子后面的头发竖了起来。有时,我们的本能在梦境中大展拳脚,从仅仅是预感转变成希望引人注目的生动故事。

确认什么时候该相信它们,与其说是一门科学,倒不如说是一门艺术。对于那些可以讲出一个重要梦境和一个巧合之间差别的人而言,梦境可以提供一个救命的早期预警系统。1933年,德国出生的神学家保罗·蒂利希(Paul Tillich)似乎预见性地离开了自己的祖国,并前往美国。他曾经说过,他的噩梦帮助他认识到国内正在酝酿的政治危机的严重性。"实际上,几个月前我就梦到了……醒来后感觉我们的生活要被迫发生改变了,"他说,"在意识清醒的时候,我觉得我们应该逃离这种最糟糕的状况,其实我的潜意识更敏感。"很多普通德国人也是在梦中早早地感觉到极权主义的幽灵。从1933年希特勒开始担任德国总理到1939年德国记者夏洛特·贝拉特(Charlotte Beradt)本人逃亡美国,她采访了300多位同胞,其中包括很多犹太人,以便了解他们的梦境。在这个限制越来越多的国家,为了保证自己的调查安全进行,她发明了一种秘密的简约表达法——希特勒是汉斯大叔,戈林是古斯塔夫大叔——把使用代码撰写的梦境报告拆散,并把它们邮寄给国外不同的朋友。大概又过了20年,她出版了自己的研究成果,这是一本已被人遗忘但很吸引人的书,名为《梦境中的第三帝国》(*The Third Reich of Dreams*)。

在贝拉特的项目启动之初,希特勒的种族屠杀计划还不为外人所知,但他的采访对象在梦中已经注意到那种若隐若现的危险。心理学家布鲁诺·贝特尔海姆(Bruno Bettelheim)指出,1933年,也就是希特勒刚刚掌权的时候,很多这样的梦境被记录下来:"梦者似乎早早就预料到会发生什么事。梦境显示人们隐隐约约害怕失去隐私或对无法理解的官僚政治感到气愤。一位中年医生梦到自己躺下来,捧着一本书休息,却看到自己公寓的墙壁蒸发掉了。德国每天弥漫着一种新的恐惧感,让国内氛围异常压抑。一个家庭主妇梦到自己的烤箱变成了一台监听设备,并重复她在旁边所说的一切。一个菜贩梦到一个沙发垫做出了不利于他的证明。一个人梦到自己的收音机开始反复发出刺耳的高音:'以元首的名义,以元首的名义。'"

尽管梦境可以帮助我们在危险明朗化之前识别它们的苗头,但看上去有预知能力的梦境通常经过统计后才能解读。我们有那么多的梦境——一晚上大约会做四个梦——偶尔在梦境和现实生活之间发现某种相似之处实在不足为奇。在《不可思议的心理控制实验》(*Paranormality: Why We See What Isn't There*)一书中,英国心理学家理查德·怀斯曼(Richard Wiseman)估计,从15岁到75岁,普通人在21 900个晚上会做大约87 600个梦。但即使拥有卓越梦境回忆能力的人也会忘记自己的很多梦，除非他们在白天遇到了强化他们记忆的事。因此，怀斯曼解释道："你做了很多梦，还遇到很多事。在大多数时间里，梦境与事件是没有关系的，所以你就忘了它们。然而有些时候，某个梦境会与其中某个事件相符。一旦这件事发生了，你突然就会回忆起这场梦，并让你自己相信它已经神奇地预测到了未来。实际上，只是概率论在起作用。"

预兆局从未张罗着预测任何事情，没过几年就关了门。一代又一代的心理学家试图重复乌尔曼和克里普纳的发现，但没什么效果。克里普纳已是 85 岁的老人[①]，但依然精神矍铄，经常到世界各地旅行，宣传超自然梦境的力量，指责电磁干扰屏蔽了他的接班人的通灵电波。"看上去很棒，但它却摆脱不了自由响应研究的通病。"苏珊·布莱克默（Susan Blackmore）说。她写过几本有关意识和通灵学的书。当人们报告自己的梦境时，会生成如此之多的材料，所以难免有一两个意象与目标相似。"它太依赖随机选择方法了。除非你穷尽随机选择的可能性，否则你不会知道这个梦是否预测准确。"

然而，稀缺的梦境资源有时依然对不确定理论的研究有吸引力。1983 年，欧洲作家亚瑟·凯斯特勒（Arthur Koestler）将自己的财产捐赠给了以自己名字命名的爱丁堡大学凯斯特勒通灵学研究中心，这间英国研究机构一直坚持到现在。现任主席卡罗琳·瓦特（Caroline Watt）在任期内将该中心的关注点从通灵现象是否存在转移到更有意义的问题上——为什么那么多人顽固地相信他们所做的事。在一项最近的研究中，她发现如果有人相信预知未来的话，他

[①] 此处是以作者写作本书的时间为基准的。克里普纳出生于 1932 年。——译者注

们更有可能说一段视频与他们的梦境相似;这种信念自身得到强化,促使人们注意到梦境和随后发生的现实生活事件的相似性。瓦特的另一项研究显示,我们人类倾向于忽视与我们的假设存在矛盾的事情,这种选择性记忆有助于在超自然梦境中永久保持这份信念。那些读过一本梦境日记和由同一个人记录的常规日记的人更有可能记住符合现实生活事件而不是与其相悖的梦境。

梦境通灵研究的宣传效果好过受到的支持。对于少数分道扬镳的研究人员而言,伪科学、梦境和过时的精神分析理论之间的联系控制了文化想象力,甚至使他们更难从事不再流行的梦境科学。

第 2 章　研究清醒梦的先驱们

一些有关梦境的重大发现是由圈子外的科学家完成的，他们不仅要与同事的冷漠，甚至与不加遮掩的蔑视做斗争，还要忍受从事这个边缘学科研究的现实局限性。

尤金·阿瑟林斯基（Eugene Aserinsky）把自己八岁的儿子阿尔蒙德固定在那套笨重的电极上就花了将近一个小时的时间，这套仪器是他从芝加哥大学生理学系的地下室里翻出来的。首先，他要在儿子的头发下面摸索一番，寻找适合固定这个薄薄的金属片的地方。一旦选好部位，他会用剃须刀片小心翼翼地将此处清理出来，尽量少剃去儿子的头发。接下来，当父亲把散发出奇怪味道的膏状液体（一种名为"火棉胶"的导电材料）涂抹到刚刚剃好的部位时，阿尔蒙德还会屏住呼吸。将近 60 年后，阿尔蒙德依稀记得黏合剂干了之后留下的刺痒的感觉（他现在住在佛罗里达，是一名退休的临床心理学家）。最后，尤金把电极放在火棉胶液滴上并用胶带包扎起来。"谁绑上这些东西都不会舒服，"阿尔蒙德说，"要想尽各种办法才能把这些可恶的东西安装到位。活像首部《科学怪人》（*Frankenstein*）电影中的场景。"

尤金 30 岁时还是个没有什么资历的研究生，他的全部职业前景都寄希望于这项实验。虽然他是一个才华出众的学生，但他自青少年时代开始就没有稳定下来。他仅仅 16 岁便考入了当地的布鲁克林学院，但却选不定专业；他选过西班牙语、社会科学和医学预科，但都没有学完相关课程。后来他去了马里兰大学，在牙科学院注册了学籍。他喜爱科学课，但很快认识到自己讨厌牙科；他的视力糟糕，几乎无法完成给牙齿钻孔和打磨之类的细致活儿。

他再次辍学，并应征入伍，担任烈性炸药管理员。第二次世界大战结束后，他想或许可以利用《退伍军人法案》（the GI Bill）重返大学校园。回想起自己在牙科学院时很喜欢生物学和生理学，便申请了芝加哥大学生理学研究生课程。这所大学因向非正统教育背景、但有前途的学生提供补助而出名。"他们录取了他并说，'你的学业成绩一般般，但显然你很聪明。过来吧，我们看看你适合做什么工作'。"阿尔蒙德说。

全家人必须准备过苦日子了，但尤金和妻子都热切地盼望他最终证明自己。他辞了社工的工作，举家搬到了芝加哥大学的研究生宿舍。美国中西部地区的冬天异常寒冷，而他们公寓中的唯一热源是安装在起居室的一台可怜的煤油炉。"那时我们总是觉得钱不够花，"阿尔蒙德回忆道，"晚上睡觉时，我都是把所有的棉衣盖到身上。我们没有足够的毯子保暖。"

阿瑟林斯基本来希望研究器官生理学，但他被安排配合纳撒尼尔·克莱德曼（Nathaniel Kleitman）工作，后者从事的是小众且不时髦的睡眠专业。阿瑟林斯基后来描述与克莱德曼的第一次会面"没有欢乐"可言。"在一个由像心理学家这样的软科学类型专家主

第 2 章 研究清醒梦的先驱们

导"的领域开始自己的研究生阶段,实在让人感到失望。不过克莱德曼是一位令人敬佩的学者,他通过顽强的意志在睡眠领域奠定了自己的专家地位。1938 年,他与一位同事在肯塔基州一个地下洞穴里待了一个月,试图观察在缺乏日常光与热波动的情况下,他们是否能够改变 24 小时的自然睡眠周期(他们经过尝试后未能切换到 28 小时模式)。随后,他投入有关睡眠剥夺的研究中,并迫使自己保持 180 小时清醒。

阿瑟林斯基接受的第一个任务根本激发不起他的热情:克莱德曼告诉这位新助手在宝宝睡着后盯着他们的眼睑看。他希望挑战一下曾经在《自然》(Nature)杂志上读到的一篇论文:一位物理学家声称,他可以通过跟踪眨眼的频率预测和他一起乘火车的同伴们何时能入睡。克莱德曼则希望了解宝宝们在失去意识的时候,他们的眼睛是否会停止运动,或者他们的眨眼是否会逐渐减少。"克莱德曼事先警告过我,要我把自己埋到论述眨眼的文献堆里,进而成为这个小领域里崭露头角的专家。"阿瑟林斯基干巴巴地回忆道。在观察宝宝睡眠数周后,阿瑟林斯基鼓起勇气来到克莱德曼的办公室,承认他无法把宝宝眼球的运动与眼睑的抖动区分开来。但他也有一个想法:假如他放弃区分真正的眨动和眼睑的抖动,并转而观察宝宝睡着后所有的眼部运动会怎样?

甚至在阿瑟林斯基看来,他自己的选题"看上去像热牛奶一般令人想入非非"。不过,老师同意他沿着这个思路继续做下去。几个月后,他注意到有 20 分钟的时间,宝宝的眼睑会完全停止运动。克莱德曼也产生了兴趣,鼓励自己的学生继续努力,将这个项目的考察对象扩大到成人。"每个人的前景都是一场赌博——我的机会是由于没有人真正仔细考察过成人在整个晚上睡眠过程中的眼部动作,所以我才会有所发现。"阿瑟林斯基写道。他甚至希望把这个项目作为他的博士学位研究课题,跳过学士和硕士,并最终赶上他的同侪。"当然,这一发现的重要意义将取决于我是否能赢得这场赌博。"

他希望自己的儿子能当一回"小白鼠",阿尔蒙德激动地答应了他;阿尔蒙德并不介意乏味的仪器安装过程,只要能和爸爸待在一起就好。尤金把电极安装到阿尔蒙德的头部,然后打开多导生理记录仪,这台仪器会将他的脑电波和眼部运动转变为连续记录卷纸上的蚀刻图形。

当阿尔蒙德入睡后,记录纸上出现缓慢、稳定的波形图案;他的眼睛是静止的,他的大脑和他的身体一样,处于睡眠状态。但到了深夜,曲线开始出现振荡,上下摆动,波形紧密。看上去更像某人清醒时的波形。阿瑟林斯基不知道出现这种结果的原因。或许这台老机器出故障了。或许只是某种侥幸成功或阿瑟林斯基家族的习惯而已。但当他招募更多的人到他的实验室睡觉的时候,他看到了相同的模式:每个晚上四到五次,以一定的间隔,被试的大脑会变得兴奋,像他们思考、说话时一样活跃。这些认知活动的爆发契合眼部运动的激增;就在记录仪显示志愿者的大脑进入兴奋状态时,他们的眼球会在眼窝内轻快地往返运动。

阿瑟林斯基四处寻找答案。尽管被试的眼睛是闭着的,但他很想知道,他们实际上是否处于清醒状态。甚至像克莱德曼这样的科学家——把职业生涯都献给了睡眠领域——都一直假设大脑在晚上会关闭。阿瑟林斯基等待下一个志愿者进入睡眠状态,等他的眼睛开始活动时再进入房间。他试图和他说话,但这个人没有反应。"毫无疑问,尽管脑电图显示处于清醒状态,但不管怎么说被试睡着了。"

在排除了最显而易见的解释之后,阿瑟林斯基想出了一个更为激动人心的答案。或许那些把眼部运动与梦境联系在一起的、"古老的轶事一般的报告"实际上是真的。他回想起埃德加·爱伦·坡(Edgar Allan Poe)描写乌鸦的名句:"它的眼光与正在做梦的魔鬼眼光一模一样。"

一天晚上,当阿尔蒙德的眼睛左右快速转动时,尤金把他唤醒,问他脑子里正在想什么。"我说,'我正在做梦,你把我弄醒了。'"阿尔蒙德回忆道,"他要我报告梦境的内容。梦境很琐碎,似乎与小鸡有关。他认为这很有趣。他非常高兴。还谈到了伟大的发现和与它们有关的不起眼的标志物。"

阿瑟林斯基开始在晚上不同的时间点唤醒被试,并询问他们是否能记起任何梦境。当记录仪很平静、志愿者眼睛静止的时候,如果唤醒他,这个人通常没有什么可报告的。但如果被试已经开始进入所谓的"快速眼动"睡眠期间,通常可以回忆起一两个详细的、类似故事的梦境。一次,一个睡觉的人的眼睛开始剧烈地反复抽搐,还令人费解地大声呼喊,而且记录仪也陷入混乱。当这个人醒来后,他说刚才正在一个恐怖的噩梦中痛苦地挣扎。

WHY WE DREAM

梦的力量：梦境中的认知洞察与心理治愈力

1953年，阿瑟林斯基在《科学》杂志上发表了自己的研究成果，他有关快速眼动睡眠的发现引领睡眠和梦境研究进入一个新时代。"我一直认为，这是一项突破性进展，"睡眠科学家威廉·德门特（William Dement）曾经说过，"这些眼球运动具有清醒时眼球运动的全部特征，绝对没有道理出现在睡眠中……正是这项发现改变了睡眠研究的进程，从一项相对平庸的调查活动变成了一次在全世界实验室和临床实践中穷追不舍的、令人极度兴奋的尝试。"

但此番风光来得还不够快，研究者本人并未即时受益；当阿瑟林斯基完成他的论文时，他的研究工作开创的这一领域几乎就消失了。他年轻的同事德门特继续努力，在斯坦福创办了一间著名的睡眠研究中心，可以说成了一代名流，发表了数百篇论文，甚至在喜剧片《伴我梦游》（*Sleepwalk with Me*）中客串了一个配角。与此同时，阿瑟林斯基因生活拮据接受了阿尔蒙德回忆时提到的"随之而来的第一份工作"——西雅图渔业局的一个职位，研究电流对鲑鱼的影响——而把剩下的职业生涯都留给了昏暗的大学。他始终对自己在睡眠领域中的地位感到失望。

1968年，当斯蒂芬·拉伯奇来到斯坦福大学的时候，科学家们刚刚开始承认梦境不只是一个认知黑洞。但清醒梦的步子迈得过大了；多数人不相信清醒梦实际上是有可能的。从未亲自体验过清醒梦的研究人员认为，整件事听起来更像惊悚科幻片的情节设计而非可以验证的现象。一个人怎么可能在睡觉时还有意识呢？几千年来，哲学家和神学家只是在某些特殊场合提到过清醒梦，但或许那些相信自己在睡梦中头脑清晰的人实际上是处在暂时清醒状态；也

第 2 章　研究清醒梦的先驱们

有可能他们在撒谎，但拉伯奇却不这么认为。

拉伯奇生于 1947 年，是一位驻扎在佛罗里达州的空军军官的儿子，小时候很害羞，总是沉湎于自己独特的幻想世界里。他曾经坦承："我太内向了，我的社交技能简直就是一张白纸。"父亲的工作性质决定了每隔几年一家人就要收拾家当，准备搬家，不过这也没什么用；等到高中毕业时，他已经在阿拉巴马、佛罗里达、弗吉尼亚和德国、日本等地辗转生活过。他逐渐养成了孤独的兴趣爱好，靠看电影或摆弄化学仪器自娱自乐。他最喜欢去的一个地方是当地的电影院，盼望着每周看上一场最新系列动作电影。五岁时的一天早上，他从一段令人兴奋的梦境中醒来，他在梦中化身为一种两栖动物——一个"水下海盗"，在大海中游泳。这个梦境太过瘾了，他决定第二天晚上接着做——就这样第二天、第三天，就好像正在观看最喜爱的系列片的最新剧集一样。在其中一次梦境中，他突然意识到自己竟然相当长一段时间没喘气。"我应该是有过看到远在头顶上方的海面的经历，而且当时还想，我可能憋不了这么长时间气！"他后来追忆道，"接下来我应该想到了，在这些梦境中，我是可以在梦之水中呼吸的。"在没有搞清楚自己在做什么的情况下，拉伯奇第一次试探了日后成为其主要人生经历的职业。他想到了如何在梦境状态下恢复意识，如何将自己的意愿施加到梦境展开的过程中。直到过了大约 20 年，他才意识到并非每个人的梦境都像一个自选冒险历程的故事。

在此期间，拉伯奇暗下决心，想当一名科学家。他鼓捣那些化学药品，自造了火箭弹。"在德国，出于某种原因，他们并不介意把炸药卖给年轻的美国人，"他说，"我制造了各种炸药。"他后来在亚利桑那大学读了数学专业，仅用两年就学完了。"我的本科生之路走得太快了。感觉没学到什么东西。只是快，快，快。为什么？"他最近开始反省、嘲讽那个年轻的自己。他渴望"继续实现当一名科学家的梦想"，满足一下孩提时代所珍视的志向。他在斯坦福大学攻读物理化学博士学位时获得了伍德罗·威尔逊（Woodrow Wilson）奖学金，当时才19岁，还是名青少年。

他搬到了旧金山湾区，在那里恰逢蓬勃发展的20世纪60年代，在过早攀爬学术天梯的途中，他有些心烦意乱。"加利福尼亚是嬉皮士运动的发源地，"他说，"我对大脑中的化学过程产生了兴趣。"他被意识问题渐渐吸引住了，那么微量的化学物质便能完全改变一个人的知觉，并在他自己的心里创造出新的世界，真是太神秘了！他希望运用自己的科学天分研究迷幻药物，"但在当时没有人希望参与这个课题，"他伤心地说，"我找了化学系的每一个教授并告诉他们，我希望研究迷幻化学。甚至都没有人想过这个课题。它刚刚成为非法的东西。真是一场悲剧啊。"

于是他离开了斯坦福大学，并痴迷于"那个年代的人们都会做的事"：荣格、瑜伽、毒品、超个人心理学、"各种佛教"、冥想。他极其崇拜鲍勃·迪伦（Bob Dylan）[①]，还花了几年时间自学弹吉他。"我并不是非常认同那些团体，但我绝对认同自己是一名嬉皮士。"

---

① 美国著名歌手、创作者、作家，2016年诺贝尔文学奖获得者。——译者注

拉伯奇说。经过一番探寻之后，他想："这是我的人民[①]。"

他渐渐疏远了学术圈，到一家私营公司做了一名化学研究员，他的探索之路也愈发偏离之前的轨道。1972年，他到著名的新时代伊莎兰中心（New Age Esalen Institute）[②]参加了一个讲习班，会议主讲人是藏传佛教僧侣塔塘活佛（Tarthang Tulku），此人不会说英语，但语言障碍并未妨碍他传播自己所信奉的哲学的真髓。他站在讲台上，反复提到两个词——"这个（this）"和"梦（dream）"。拉伯奇顿悟：梦境和清醒的现实世界可能都是头脑的组成部分。此时此刻，两种状态都是具有合理性的。事实证明，这一新知是一个转折点，为梦境如何融入他的学术之路提供了一种新的思路。

"当我搭顺风车回旧金山时，我感觉从这次修炼中受益匪浅。"拉伯奇回忆道。几天后，他做了成年后的第一个清醒梦：他正在攀登雄伟的喜马拉雅山，在危机四伏的高山雪堆间艰难跋涉，这时他注意到自己穿着一件短袖衫。"我立刻意识到这说明我正在做梦！"他写道，"我兴奋异常，从山上纵身而下并开始展翅飞翔，但梦境消退，我醒了过来。"与拉伯奇最终练习诱导自己进入壮观的梦中历险相比，这个简短的清醒梦不值一提，但足以重新点燃他童年时对梦境的兴趣，并在将来有一天领略其力量了。他开始大量学习佛教和梦瑜伽方面的知识。

11世纪时，印度佛教圣僧那洛巴（Naropa）开创了那洛巴六瑜

[①] 《这是我的人民》（These are my people）系美国乡村音乐家罗德尼·阿特金斯参与创作并录制的同名畅销单曲。——译者注
[②] 新时代伊莎兰中心是位于美国加州的一所静修疗养中心。——译者注

伽修炼法，供追随者在启蒙之路上前进时学习。梦瑜伽是排在拙火瑜伽和幻身瑜伽之后的第三个修炼方法，掌握了所有六个瑜伽会帮助学生进入死亡与重生之间的中阴状态。在藏传佛教的宇宙观中，清醒状态在意识阶梯中排位最低；睡眠和梦境都会为灵性的提升提供更大的可能性。梦瑜伽的目标是培养开明、超脱的气质，领悟到包括梦境在内的尘世体验都是自生幻象。梦瑜伽大师可以在梦境中修炼冥想和召唤不同的神明。

在依莎兰中心接受启迪思维体验几年后，拉伯奇去帕洛阿尔托公共图书查阅资料时，偶然看到一本名为《清醒梦》（*Lucid Dreams*）的书，它稍显单薄，作者为英国学者西莉亚·格林（Celia Green）。这是一本研究全面却枯燥乏味的学术专著——与他所依赖的神秘信息源有很大差别。在牛津大学心理物理学研究所工作期间，格林收集案例研究并起草基本类型学分类：有可能在清醒梦中出现的活动，有可能进入清醒状态的触发条件——"梦境中的情绪压力"和"梦境中的认知不协调"。在措辞谨慎的学术散文中，她列举了清醒梦的若干特点："飞行是清醒梦的普遍特征。""出现在清醒梦中的人都个性鲜明并在整个梦境中保持同一性。"

清醒梦的系统研究是近些年的事情，但清醒梦的概念却很古老。在公元前四世纪，亚里士多德描述了在做梦时存在一丝意识的感觉，在其随笔《论梦》（*On Dreams*）中写道："当一个人睡着的时候，意识中有一种东西宣称彼时自身所呈现的只是一场梦。"早期基督徒希波的奥古斯丁（Augustine of Hippo）在五世纪写给其朋友埃伏蒂乌斯（Evodius）的一封信中，借用清醒梦来证明，意识可

第 2 章 研究清醒梦的先驱们

以独立存在于肉体之外,而且引申开来,可以在肉体消亡之后继续生存下去。信中还提到一个名叫根纳季乌斯(Gennadius)的医生,此人曾经怀疑来生的真实性。

一天晚上,根纳季乌斯梦到一位天上的年轻人引领他来到一座仙乐飘飘的城市。这是一个清晰的、栩栩如生的情境,但到了早上,根纳季乌斯耸耸肩——一场梦而已。第二天晚上,梦中人物去而复返,并问根纳季乌斯是否还记得他。根纳季乌斯点点头。这时年轻人向根纳季乌斯求证,这是在睡梦里还是在清醒的时候听到他刚刚说过的话。

根纳季乌斯回答:"在睡梦里。"

年轻人接着说:"你记得很清楚。你确实在睡梦中看到了这些事,但我希望你明白,即使现在你也是在睡梦中看事情……你的身体现在在哪儿?"

根纳季乌斯回答道:"在我的床上。"

"你知道吗?"年轻人说,"你身体上的这双眼睛是受到约束的和紧闭的,正在休息;而且,你这双眼睛现在什么都没看到。"

根纳季乌斯回答道:"我知道。"

这个天使般的梦中角色做了一个对比:一方是这个梦境——根纳季乌斯的主观体验(与一个神秘莫测的圣人争辩)和他的外部现实生活(躺在床上,无意识)不一致——另一方是来生。

"当你躺在床上睡着的时候,你身体上的这双眼睛处于未使用状态,什么都没做,然而你还有一双可以看到我的眼睛,并欣赏这个场景,所以说在你死后,虽然你身体上的眼睛会完全废弃,但你是有生命的,你依然活着,还拥有一种感知能力,你依然可以去感知,"年轻人说,"所以,从今以后就不要对人死后其生命是否将延续下去存有疑问了。"

根纳季乌斯信服了。

19 世纪和 20 世纪的学术巨擘也对清醒梦有所记述。在《悲剧的诞生》(*The Birth of Tragedy*)一书中,尼采描述了偶尔在梦中大声呼唤的经历:"这是在梦里!"然后决定"我要继续做梦"。弗洛伊德在初版《梦的解析》中忽视了清醒梦,但在后面的一个版本中承认:"有一些人,他们在晚上非常清醒地意识到,他们睡着了而且还在做梦,他们似乎拥有有意识地指导自己做梦的能力。"1913年,清醒梦最终用语言具体化了。当荷兰精神病学专家、天生清醒梦者弗雷德里克·凡·伊登(Frederik van Eeden)重新解读了自己内容广泛的梦境日记之后,认定这种"特殊类型的梦"——这些激发其"最热切兴趣"的梦境——值得拥有它们自己的分类。他在心理研究协会(the Society for Psychial Research)举办的一次讲座中介绍了"清醒梦"一词,然后这个词便固定下来。凡·伊登在自己的小说《梦中新娘》(*The Bride of Dreams*)中写道:"与那些在黑夜里依然过着生动鲜明、丰富多彩和激动人心生活的人相比,一个把一生中三分之一的时间都花在完全无意识状态的人更适合被叫作瞌睡虫和笨蛋。"

拉伯奇被折服了。他用肉体证明,他用不着从头开始。"在专业的睡眠和梦境研究者当中,正统观点似乎是,有关清醒梦的概念在哲学层面上存在某种有异议的东西。"他后来写道。但格林的专著显示，清醒梦的科学研究是有先例的，这让他有勇气面对传统观点并说道："我兴奋地发现，凡·伊登并非西方历史上唯一的清醒梦者。"最终他希望想出一种方法，借助自己的科学背景解释最令其着迷的问题。他意识到，有一群研究意识的科学家，他们也是梦境研究者。他决定回归学术研究。1977年，他重新报考了斯坦福大学心理生理学博士研究生——将心理学和生理学结合起来的新专业——并附上一份非常激进的建议：他要研究清醒梦。

再次回到斯坦福大学，拉伯奇入驻一间著名的实验室，后来成为睡眠医学之父的威廉·德门特便在这里工作过。曾经担任阿瑟林斯基早期研究助手的德门特有一项重要发现。在快速眼动睡眠期间，眼球的物理运动并不仅仅代表被试在做梦，实际上也对应着梦境中凝视目光的改变。

德门特采用眼电图（EOG）跟踪了被试睡眠时的眼球运动，并在他们醒来后询问做梦的情况；接下来将他们的梦境报告与仪器捕捉到的测量值对比。这一方法很快证实了德门特的预感：虽然身体处于麻痹状态，但自由运动的眼睛成为与外界沟通的桥梁。活跃的梦境通常在眼电图上留下更多记录，而不活跃的梦境则让眼电图落得清闲。德门特有时甚至可以让特定的眼球运动与梦境中的活动建立起联系。就在一名被试醒来之前，他的眼睛有节奏地从左到右、从右到左反复抽搐了26次。当德门特唤醒他时，这位迷迷糊糊的志愿者解释说，他正在梦里观看一场乒乓球赛；在被唤醒前一刻，他正看着乒乓球在球台上方往来穿梭。在另一项研究中，一个女人梦到自己昂着头爬了五层楼梯。当她到达台阶的顶层时，走到了一群舞者中间。记录仪可以看到一组五次垂直运动，对应她爬楼梯的过程，随后是一些微妙的水平运动，就像她在靠近舞者。

尽管这种扫描假说存在争议，但拉伯奇了解德门特的论点，而且他也知道，在自己的清醒梦中，他能靠意志力控制自己把目光投向所选择的地方。他推断，如果他借助眼球运动在睡梦中与一位研究人员交流，那么做清醒梦的事实便不可能否认。但他必须首先解决如何让清醒梦受控的问题。他必须想办法维持足够长时间的清醒，以便把信号发送给另一位科学家。他必须不仅把自己的意志施加到梦境的内容上，还要把这种控制延伸到他的身体上。到目前为止，他可以做到在一个相当有规律的基础上变得清醒，但只要他意识到自己在做梦，通常便会醒来。

接下来的两三个月是一段时间的试错。所有博士研究项目都是很紧张的，但拉伯奇的一天是当他离开实验室后才刚刚开始；当他上床后，他的实际工作便开始了。"我的博士论文取决于我现在正在做的实验，"拉伯奇说，"我必须在实验室里做清醒梦。这是实验的主旨，但还不够。我必须想办法。"但他一直未能如愿。他借鉴了多年阅读藏传佛教典籍的感悟，以及对西莉亚·格林和弗雷德里克·凡·伊登的研究。在白天，他要思考在梦境中让自己变得有意识的目标。当他成功后，再尝试延长梦境的各种方法，考察他所能做到的极限程度，操纵梦境中的环境并让身体（眼睛，甚至他的双手）实际动作。

第一次在实验室睡觉时，他几乎记不住自己的梦境。他唯一能回忆起来的是一个并不清醒的、有关待在睡眠实验室的普通梦境。失望之余，他计划再做一次尝试。下次开放时间并不是在次月，他要等到 1 月 13 日星期五的晚上。

当这个不祥的日子最终到来时，拉伯奇让研究人员琳·纳格尔（Lynn Nagel）帮他接上记录仪，然后他躺在床上。几十年后，他依然记得整个实验准备过程。"这是一间没有窗户的房间，床抵着墙，一面接入电极的小床头板，还有安装在大厅的几个房间里的记录仪。环境很暗，一片漆黑。"七个半小时后，他进入一个无可名状的、并不清醒的梦境中，这时他意识到这个梦太古怪了，他既看不到也听不到。"我高兴地回忆起来我正在实验室里睡觉。"他后来写道。他注意到的第二件事是一本在虚空中飞行的小册子。"从意象看，这似乎是一台在旁边漂浮的吸尘器或类似家电的使用说明书。我觉得它只不过是意识流中的漂浮物，但当我专注地盯着它并试图查看上面的文字时，意象逐渐稳定下来，此时我感觉睁开了（梦中的）眼睛。接着我的双手出现了，还有梦中出现的部分身体⋯⋯由于我现在有了梦中的身体，所以我决定控制事先约定作为一种信号的眼球运动。"他使用梦中之手勾画了一条垂线并通过自己在梦中的眼睛跟随手部运动。果然，记录仪上出现了一个标记。他做到了。

"很难理解这次实验是多么妙不可言，"他告诉我说，"你意识到自己已经突破了失眠症的屏障，正在与处在另一维度的某个人交流。"他的声音越来越低，眼睛里出现了一种恍惚的神情，"非同寻常。"

在接下来的几周和几个月里，拉伯奇试图重复在 1 月 13 日获得的成就,在实验室里度过了一个又一个不成功的夜晚。几经挫败之后,他在家里安装了一台记录仪,在这里——在自己舒适的床上——他设法又重复了十几次实验过程。他训练了另外三个清醒梦者——一位舞者、一位医务人员和一位电脑科学家——以便从他们的梦境里发送视觉信号。在另一个项目中,他把电极固定在自己的前臂上以记录肌肉的收缩力。一旦进入一个清醒梦中,他会按照对应莫尔斯电码的点划顺序握紧拳头。左手握一下拳代表一点;右手相同的动作代表一划。在一项不太可能驳斥为仅仅是巧合的特技表演中,他设法摆出了左、左、左、左、右、左、左的标志,代表自己姓名的首字母缩写为 SL。

"这是一个巨大转机,"心理学家帕特丽夏·加菲尔德(Patricia Garfield)说,"他拥有在梦境期间获得的生理学数据。"在拉伯奇进入这个领域之前,"据认为清醒梦只是集体鼓圈[①]和灵媒之类的东西,"认知神经科学家艾琳·瓦姆斯利(Erin Wamsley)说,"清醒梦是真实存在的事物,拉伯奇是最早真正证明这一现象的人。"

拉伯奇对自己的发现充满信心,他把它们整理出来,然后把论文寄给一两家顶级期刊。"它是梦境研究领域真正新颖的、改变游戏规则的新发现,"他说,"它让梦境的系统研究成为可能。"正如他已经预料到评论者对他的不满一样,你在论文的字里行间几乎可以感受到他的恼怒。"主观报告和生理学测量数据都是一致的,"他写道,"假定那些被试相信自己处在睡着的状态,但睡眠的生理学数据显

[①] 鼓圈(Drum circle)是一种源自非洲的音乐活动,鼓手围成一圈敲鼓,气氛热烈,很有震撼效果。——译者注

示，他们实际上处在清醒的状态，这是极端不负责任的揣度。"

尽管如此，这篇论文并未得到拉伯奇所希望看到的反应。《科学》杂志的编辑认为，他的发现完美得让人不敢相信是真的。"很难想象，被试在做梦的同时把梦境信号发送给其他人。"一位审稿人这样写道。其他审稿人则直接忽略他。《自然》杂志把投稿直接退回，并荒谬地声称，这个课题"不具备充分而普遍的意义"。投稿、修改、再投——经过六个月的折腾，在一本名为《知觉与运动技能》(*Perceptual and Motor Skills*)的小众心理学杂志上，拉伯奇为自己的论文找到了归宿。该论文发表五年后，被其他作者的文章引用的次数也就十几次。

与此同时，拉伯奇还在努力把研究工作向前推进。培训新的清醒梦者需要时间，即使那些能胜任的梦者也未必总能在压力下表现良好。在接下来的几年时间里，他继续在德门特的实验室里搞研究。据拉伯奇的妻子琳内回忆，这间实验室"就像地下室里的半间屋子"。此外，缺乏经费也是一个持续的负担。"由于根本无法获得有保障的政府资助，所以我必须不断地从各个渠道筹措经费。我筹钱的渠道主要是求援……个人捐赠或我自己承担一部分费用。"他并未全身心地投入研究中，而是被迫四处化缘。"我必须学着做演讲、教书之类的事。像我这样性格内向的人，做这些事太难了。"对任何其他学者来说，梦境都很难成为其优先考虑的课题。整个项目一直游走于学术圈子的边缘，而且尽管睡眠医学领域终有一天会为清醒梦研究提供经济支持，但目前依然处于初始阶段。

即便如此，拉伯奇还是设法做了几项颇为有趣的研究。他希望

WHY WE DREAM
梦的力量：梦境中的认知洞察与心理治愈力

充实最初的研究成果；即使证据堆积如山，但一些同行依然不太相信。有些怀疑者这样说："好吧，确实在快速眼动睡眠阶段出现了这么多眼球运动。或许它们只是碰巧而已。"在拉伯奇看来，批判会让人产生绝望的情绪——几十年后谈起这个项目，他依然愤愤不平——但他希望他的证据能够消除争议。因此他说："我们尝试了其他沟通渠道来平息异议。"他开发了一种更加严谨的信号系统，教给三位梦者通过他们的呼吸与现实世界沟通；他们会以一种预先约定的模式强力呼吸，然后屏住气息，以便向外界显示他们处在清醒梦的状态。

他还发现，这种视觉信号系统可以帮助他处理古老的问题。在一项研究中，他借助清醒梦者对比了在现实生活中和在梦境中的时光流逝情况。他想知道短短的几分钟内实现一段完整的冒险，如跨越时区、到其他国家甚至到其他星球上去旅行是如何成为可能的。为什么人们从这些滑稽的感受中醒来后总是精神焕发而不是萎靡不振和精疲力竭呢？一个解释是时间在梦境中的工作机制有所不同；或许现实生活中的每一秒钟相当于在梦境中持续了一分钟，甚至一小时。

这可能是自从 19 世纪以来最流行的理论了。1853 年，法国医生路易·阿尔弗雷德·莫里开始相信所有梦境实际上都是产生于梦醒时分；他辩称，甚至看上去持续了数小时的场景，对应的实际时间只有几秒钟。莫里得出这个结论的理由是：

> 一天晚上，一块床头板掉到我的脖子上，也把我从一场有关法国大革命的曲折梦魇中解脱出来。在目睹了一系列杀人之

第 2 章 研究清醒梦的先驱们

后,我看到轮到自己赴死了,便沿着阶梯登上行刑台。我把头枕在断头台上,正当屠刀落下之际,我醒来发现那是我的床头板——而不是屠刀——落到了自己的脖子上。

他推测他的大脑已经杜撰好了整个故事——在他看来,这个故事似乎是在不停地继续下去——作为床架垮塌的一个近乎瞬间的反应。

现在,拉伯奇有了一个新的方法来处理这个问题。他要求被试在进入一个清醒梦境的时候发出一个信号,然后在他们认为过了 10 秒之后发出第二个信号。第二个信号在第一个信号发出 13 秒后到达。与莫里的预测相反,梦者对时间的感知异常准确。

众所周知,大脑左半球多涉及逻辑,右半球负责视觉和空间推理,这也是标志大脑在现实世界活动的专业化模式。在另一个项目中,拉伯奇探索了这种模式在梦境状态是否能持续下来。他安排自己的大脑处于被观察状态。他进入清醒梦后要执行两项任务:任务一,唱歌,当一个人在现实世界中时,这种活动主要动用右侧大脑;任务二,数数,依靠左脑。

当拉伯奇在实验的当晚进入清醒梦状态后,他转动自己的眼球以发出他有意识的信号,并开始演唱"划、划、划小船"。当他唱完这首儿歌时——以一句非常贴切的"人生不过就是一场梦"作为结尾——发出了第二个信号并数到 10。果然如此,仪器显示,当他唱这首儿歌时,大脑右半球更活跃,而当他数数时,大脑左半球更投入。"在清醒梦中唱歌和数数出现很大变化,与在现实生活中执行这两项任务期间所记录的变化程度相当。"他写道。不过只靠肉眼观察那些活动，还看不出来。"这暗示清醒梦（延伸开来，各种梦境）更像实际在做而不像仅仅在想象。"

在另一项实验中，拉伯奇劝说两名志愿者（一名是男性，一名是女性）在他的实验室中酝酿色情意味的清醒梦。他的一位朋友——心理学家帕特丽夏·加菲尔德曾经极度兴奋地写道，她在自己的清醒梦中享受到了"灵与肉的震撼"；而拉伯奇希望发现清醒梦性爱是否真的可以产生与现实生活性爱相同的肉体反应。化名米兰达的女人先做的实验。通过用探针检测阴道脉冲幅度（VPA），她按照约定在关键时刻——当她开始进入清醒梦时、当她开始性爱时和当她达到性高潮时发出了一系列视觉信号。

在当晚的实验中，米兰达进入第五个快速眼动睡眠阶段仅仅几分钟后便开始做清醒梦。她发出第一个信号，从一扇关闭的窗户中飞出去，飞到大学校园的拱门和石雕建筑上空。在她想起情爱使命之后不久，一群男人和女人现出身形。她降落到地面上，选中了一个男人，接着发出了她的第二个信号。在大约15秒钟之后，她再次改变了凝视状态，此时显示达到性高潮。难以置信的是，米兰达的生理学监测数据讲述了相同的故事。在其第二和第三个信号之间——标记梦中性爱情节的起点和终点——她的阴道血流量增加，呼吸加快，生殖器肌肉收缩。

拉伯奇在一位男性清醒梦者身上做了同样的实验，还给他起了一个颇为恰当的假名字"兰迪"①。拉伯奇在兰迪的身上固定了一支测量阴茎胀大程度的阴茎应变计。当兰迪意识到自己正在做梦时,他也想飞行,于是他漂浮着穿过屋顶,飞到空中,就像超人那样。他在某人家的后院落下来,这时想起了自己的使命——找个姑娘聊聊人生。他的愿望得到满足:一个女人出现了,并"开始以一种充满激情的方式吻他……"记录仪再次确认了兰迪的生理变化与清醒梦梦境之间的一致性。在历时 30 秒的性爱梦境期间,他的呼吸节奏加速——达到当晚的最高水平——勃起程度也通过阴茎应变计显示出来。"太引人注目了,"拉伯奇写道,"这次梦中性高潮过后紧接着就是一次缓慢的消退过程。"与米兰达案例不同的是,兰迪的梦中性高潮并未伴随一次实际的性高潮。

尽管拉伯奇的发现堪称重大,但他并未获得科学机构的太多关注。毕竟清醒梦看上去治愈不了癌症;即使有人审视一番,也认为它是怪异的和非本质的。20 世纪 80 年代末,拉伯奇的经济状况非常糟糕;1988 年,拉伯奇个人欠斯坦福大学两万美元。拉伯奇曾经有一次向记者袒露心扉:"假如我能得到经费,应该已成为真正的学科带头人,那才是我梦寐以求的事情。"

在清醒梦研究领域,没有一个人的成就超过斯蒂芬·拉伯奇。他对清醒梦研究的贡献就像路易·巴斯德之于巴士灭菌、托马斯·爱迪生之于电学。但除了献身科学研究之外,他还必须找到谋生的手段。他创办了一家名为清醒学会(Lucidity Institute)的私人公司并开始撰写清醒梦的科普著作——诸如我在秘鲁读到的那本书。

---

① 兰迪(Randy),在英文中有"性欲旺盛之人"的意思。——译者注

CHAPTER 第 3 章　关于梦境的实验

如果说斯蒂芬·拉伯奇完全凭着对梦境的热爱，跨越了学者和倡导者之间的界限，那么马特·威尔逊（Matt Wilson）则干脆站在了其中一边。威尔逊从未想过会在梦境研究领域扬名立万。作为计算与神经系统专业研究生，他对我们如何形成和存储记忆以及那些记忆如何让我们知道我们是谁之类的问题很着迷；对于像他这样严肃的研究人员来讲，梦境研究还算不上一个学科。但在 1991 年某个命中注定的一天，一只大鼠打乱了他的计划。

"这件有关自然行为的事很特别，原因在于这只大鼠是受到控制的。"威尔逊在自己位于麻省理工学院的办公室里反思道，并透过落地窗瞭了一眼楼下阳光和煦的剑桥市街道。他的办公室位于皮考尔科学和记忆研究所内，看上去更像公司高管而不是学术科学家办公的地方；那只实验大鼠更像拥有了一个了不起的职业。"你尝试着下达一项任务，但这帮大鼠自顾自地该干什么还干什么。跑得时间长了，它们就感到腻烦了。看上去与我设计了一个让它们睡觉的实验并不搭界。"

当时威尔逊刚刚 30 岁，是亚利桑那大学的博士后，他将微电极植入大鼠的海马体内并将它们放到一座撒满巧克力口味饲料的迷宫里。他希望了解当这种啮齿动物沿着通道寻找可口美味时，它们位于海马体的位置细胞是如何兴奋起来的。位置细胞是一种类型的神经元，每当一只动物到达一个特定位置时，它就会感到兴奋。这种细胞在帮助动物（包括人类在内）在新地形中熟悉道路时发挥至关重要的作用。比如说，如果一个人到森林里某一片不熟悉的区域寻找食物，每当他进入一个新的地点——位置野（place field）[①]——大脑中不同的位置细胞便会兴奋起来，并生成一幅环境的心像地图。如果他日后回到同一个区域，他的大脑会调出他第一次考察时创作的这幅认知地图。当一只大鼠第一次在一座迷宫中穿行时，会产生同样的过程：每当动物到达一个新地点时，新位置细胞便被激活。当它下一次途径这条道路时，那些神经元便再次活跃起来，这样大鼠——它的大脑现在熟悉了它要用到的细胞——通过这个区域时会轻松很多。有趣的是，位置野的大小取决于环境的大小；迷宫越长或区域越大，位置野就越大。"你第一次接触一处环境时，位置野并不固定，"威尔逊实验室的博士研究员汉娜·沃特沙夫特（Hannah Wirtshafter）解释道，"它们变化很大，你不知道前面有什么。随着你对环境变得越来越熟悉，它们便会稳定下来。"

威尔逊依靠电极生成大鼠脑电波的图像，但作为一个后备，他还把这些大鼠连接到一台监听器上。"通过监听数据，你可以了解它的大脑里正在发生的很多事情，"他说，"这是一种跟踪你的记录过程的诊断工具。你可以听到细胞激活时的具体情况。你可以听到不同的大脑状态——这只动物活跃吗？它正在跑吗？它正在休息吗？

[①] 动物所处环境中的一小块区域。——译者注

不同的状态有与它们相关的不同的节律。如果一只动物很活跃且正在奔跑，你便会跟踪到所谓的 θ 节律（一种 10 赫兹的节律）。"

1991 年的一天。当专注地做完一轮实验后，威尔逊把大鼠从迷宫里带出来，并放回它的笼子里。这只大鼠又疲惫又饱胀，再也没什么可追逐的了，很快就睡着了。但威尔逊的工作却远未结束，开始做处理新数据之类的零碎活。他碰巧没有断开监听器，而后者还在勤勉地工作着，这时他注意到某种古怪的情况。"突然我听到像动物在奔跑的活动。我听到了这种 θ 节律——'哧 – 哧 – 哧'，然后听到位置细胞——'嘭 – 嘭 – 嘭'。"威尔逊很困惑。他并不认为这只大鼠会再次活动；他刚刚看着它睡着了。为什么他听到了那种与众不同的 10 赫兹节律———一种与奔跑有关的节律？

"起初，我感到很好奇，"威尔逊说，"我以为这只动物肯定已经醒了——或许准备蹿出去。我转过身看看发生了什么事，可这小东西依然在沉睡。"威尔逊目瞪口呆，把手头的数据丢在一边，转而关注起通过扬声器播放的声音。这个没有错：这只动物的位置细胞以和他听到的小东西在迷宫里穿梭时相同的模式激活了。"它刚才蹿出去了，"他说，"细胞很活跃，仿佛这只动物正在奔跑，但它实际上正在睡觉。"它的神经元似乎正在回放醒着的时候所完成的任务。"清醒时的活动产生了始料未及的效果，"威尔逊说，"不夸张地说，我可以听到它的大脑在做梦。"

意识到自己掌握了一个重大发现，威尔逊放弃了对大鼠日间认知能力的关注，转而研究这种啮齿动物的夜间大脑活动。他的新研究方向用一个又一个突破性成果为自己带来回报。他解决了如何精确跟踪大鼠的细胞激活,从而判断出迷宫的哪个区域正在其睡梦中回放的问题。他知道一只动物在白天时越经常光顾某个特定区域,相关位置细胞越有可能在睡梦中被重新激活,就仿佛这只大鼠的大脑为白天最重要的事件预留了睡觉时的活力。他注意到参与日间活动的细胞再次活跃现象并不局限于海马体;大鼠睡着后,大脑的感觉区域,如视觉皮质,也会变得兴奋,暗示它们实际上可能正在自己的睡梦中体验视觉表象。

他真的可以将这种神经元回放称为做梦吗?我们无法从一只大鼠那里打听到它的主观体验,但威尔逊认为这是一个合理的假设。"随着时间的推移而改变且拥有相关意象的真实记忆——我觉得若要搞清楚(至少一只大鼠的)梦境是一种什么样的状态,前面的表述倒不失为一个合乎情理的定义。"他说。

当威尔逊在 20 世纪 90 年代和 21 世纪初发表自己的大鼠研究成果时,此举推动了梦境科学研究的复活。怀疑者可以对依赖人的自我陈述或选择对不恰当信息传递者的梦境研究不予理会,但不可能否认威尔逊成果的真实性。大鼠不像人类,无法对涉及禁忌的梦境撒谎。如果大鼠在醒来后可以记住它们的梦境也没什么大不了的。而且威尔逊指出,大鼠的大脑提供了"一种可访问模式。能够研究受控系统的梦境——或者说有权使用动物梦境模式——对于改变对睡眠和梦境的认识具有巨大影响。"不费太多周折便可以观察到它们的神经元活动。它们的日间环境是可控的。而且虽然人类的认知体系的复杂程度较之大鼠的高出太多,但我们依然有可能在这二者之间找出有用的相似之处;最接近的大脑结构为两个物种提供了相似的功能。"在人类和大鼠的大脑中,海马体均与空间有关。"威尔逊解释道。海马体是大脑深处一个海马形状的区域,拥有很多位置细胞。无论是为新记忆编码还是巩固和恢复它们,海马体在空间学习的每个阶段都发挥关键作用。大家都知道伦敦出租车司机的海马体很发达,这是因为他们熟知这座摊大饼城市的成千上万条街道和不计其数的地标建筑。反过来讲,无论大鼠还是人类,海马体受损都有可能让空间记忆成为几乎不可能完成的任务。

当威尔逊在麻省理工学院倾听大鼠的梦境时,在仅仅几英里之外,另一项有关睡眠和学习的重大研究也在进行中。千禧之年,哈佛大学精神病学专家罗伯特·斯蒂克戈尔德(Robert Stickgold)发表了自己的一项颠覆性发现:如果学生在白天玩了俄罗斯方块,游戏的图像就会出现在当晚他们的梦境中,就好像他们睡觉时在继续玩游戏。

斯蒂克戈尔德凭直觉预感到梦境——具体来说,入睡开始时的梦境,或者说临睡幻觉将最强烈的记忆编码成了他所拥有的一种经历,仿佛真的正在野外爬山。"我曾经和家人到佛蒙特度假。"斯蒂克戈尔德回忆道。说这话时,他正坐在自己位于波士顿某医院八楼一间不起眼的办公室里。门外的标牌上写着"不安分的鲍勃",显然他很满意这个绰号;这么多年以后回忆起来,他对昔日这个意外发现的激动之情、对整个研究过程和面对自己这帮聪明学生的喜悦之情依然写在脸上。

黄昏时分,在翻过一座名叫"驼峰"的山脉后,精疲力竭的斯蒂克戈尔德终瘫倒在床上,盼望着好好休息一个晚上。但刚刚困意袭来的时候,他却被一阵幻觉惊呆了,他又回到了白天旅行过的地点。"当我睡着的时候,注意到自己正在生动再现在山上的记忆。"他说。在那里,他重新做了一次特别艰难的跋涉。"我还能感觉到手指触摸到了岩石。"他猛地从幻想中挣脱出来,但一重新进入睡眠,它再次发生;他无法动摇依然在爬山的感觉。"其实,我们已经下山六到八个小时了。这让人感觉睡眠本身正在按照那些记忆做什么事。"

在剩下的假期里,斯蒂克戈尔德开始关注入睡后心里浮现的意象。他注意到,它们通常以自己最近尝试过的富有挑战性的活动为主题(在暴风雨的海面上航行,到溪水中漂流)。于是,他开始怀疑自己的大脑正在回放当天最突出的或备感压力的事件。

回到哈佛大学后,他希望检验自己的理论,但想象不出一种可以在实验室里运用的方法。"我自嘲地说,'所以我现在只能提出一项伦理审查委员会(IRB)建议,带一群被试去爬山'。"他说。一天,他正在和一群学生抱怨,说研究他在佛蒙特度假时注意到的现象可能有些不切实际。"其中一个学生说,'您知道,玩俄罗斯方块时也会发生同样的情况。'"在玩过这种电脑游戏——在各种彩色方块落到屏幕底端的过程中操纵它们——的晚上,学生们在睡梦中会经常看到几何形状的砖块。受这次交谈的启发,斯蒂克戈尔德说:"我认识到,我们可以借助某种方式研究它。"

他找来了 27 名被试:10 名"高手",他们都拥有至少 50 个小时玩俄罗斯方块的记录;和 17 名"菜鸟",他们此前从未玩过这款游戏。斯蒂克戈尔德要求所有被试在三天里练习七个小时的俄罗斯

第 3 章　关于梦境的实验

方块。在被试睡觉的第一个小时里，斯蒂克戈尔德或他的一个助手会唤醒他们几次，并问他们正在做什么梦。有超过五分之三的人报告梦到砖块下落的图像，就像他们在白天时曾经排布过的那些虚拟方块。俄罗斯方块主题梦境在"菜鸟"玩家中最为常见；四分之三的"菜鸟"至少梦到这个游戏一次，而与之相对的更有经验的玩家大约是一半。就像斯蒂克戈尔德昏昏欲睡的大脑带着他回到了佛蒙特的山间小径一样——又让他痛苦地爬了一次山——被试睡梦中的大脑正在给予他们一次重新演练新技能的机会。

"菜鸟"玩家和高级玩家还以不同的方式将俄罗斯方块结合到他们的梦境中。"菜鸟"梦到了黑白方块——就像他们在电脑上看到的那种——而老玩家的梦境有时包括关联程度更为松散的记忆。一个女人梦到了彩色砖块，令其想到多年以前她所知道的俄罗斯方块的样式。斯蒂克戈尔德说，她的大脑正在重新调取过往的经历，以便"以自适应的方式改变它们的强度、结构或关联"。处于梦境中的大脑可以召唤遥远的、甚至已被遗忘的记忆，从而帮助我们完成类似的任务。

就是因为它的缘故，他与当地一位精神病医师由偶遇变成了朋友。那年夏天，这位医生正在给失忆症患者治病。斯蒂克戈尔德在"菜鸟"玩家中加入了五个患有失忆症的人；海马体部位的损伤让他们无法形成或保持新的记忆。本科生戴维·罗登贝瑞（David Roddenberry）是斯蒂克戈尔德的研究助手，需要乘车前往位于波士顿郊区的失忆症患者的家中。每次探访时，患者都会说类似的话，"噢，你好，我们以前见过面吗？"不管是第一次还是第三次去，罗登贝瑞都会耐心地重新介绍自己并解释俄罗斯方块的规则。"他们真的很好，"他回忆道，"没有任何消极的联想或不信任。"因为他们在产生积怨之前便已忘记了争执和怠慢。在每个患者的就寝时间，罗登贝瑞会将被试固定在一台监测装置上并回到设在隔壁房间的工作岗位。当一台电脑提醒他被试已经进入快速眼动睡眠时，罗登贝瑞会蹑手蹑脚地走进卧室，轻拍被试的肩头，并问他梦里发生了什么。"他们可能很震惊，因为他们不知道我是谁或为什么我出现在他们的卧室里。"罗登贝瑞说。

不过该研究的结果令那些尴尬瞬间变得很有价值。尽管失忆症患者对俄罗斯方块的记忆连一天都保持不下来，但他们依然记得在自己的梦里看到了砖块的图像。"他们会描述砖块在漂浮，或者他们会尝试着把物体连起来，但又不知道他们在尝试连接什么。"罗登贝瑞说。他们不会有意识地把这些图像与这款电脑游戏联系起来，但他们的梦境很显然受到了白天所玩游戏的影响。

"我记得戴维第一次给我打电话时说，'鲍勃，我们获得了一份报告。'"斯蒂克戈尔德说，"我真的感到很震惊。我记得走出我的办公室，来到实验室，还自言自语地说，为什么我们要做这个尝试呢？一想到它还能成功，真是太不可思议了。"一个把失忆症患者包括在内的随意决定最终成为整个项目最大的亮点。"颇具讽刺意味的是，它证明了弗洛伊德有关梦境是通往无意识的康庄大道的理论。"斯蒂克戈尔德说。虽然他的电子公告板上贴着一张西格蒙德·弗洛伊德的动漫人像，但他是坚定的反弗洛伊德学派的人。"这些都是失忆症患者明显拥有但没有办法利用的记忆。"

第 3 章 关于梦境的实验

那些有关俄罗斯方块的梦境还为解释一个问题提供了佐证：尽管失忆症患者没有能力记住这个游戏怎么玩，但经过三天的学习，他们的得分还是稍有提高。在实验接近结束的时候，一名失忆女人坐在电脑前，不由自主地将自己的手指按在她会用到的三个按键上。

2000 年，《回放游戏：正常人和失忆症患者的临睡意象》（Replaying the Game: Hypnagogic Images in Normals and Amnesics）成为 30 多年来刊登在神圣的《科学》杂志上的首篇以梦境为主题的论文。"这篇涉及俄罗斯方块的论文的伟大之处在于，你可以搞科研。你可以借助这一范例开始考证其他问题，例如你的梦里有什么、没有什么，那东西怎么进入你的梦中的。"它为其他科学家探索梦境在学习领域所发挥的作用铺平了道路，学习功能最终被公认为是最为关键的梦境功能之一。

与此同时，加拿大心理学家约瑟夫·德科宁克（Joseph De Koninck）正在调查梦境和语言习得之间的关系。德科宁克对这一话题的兴趣还要追溯到自己的青少年时代。他的父母以英语为母语，但他自己在法语环境的魁北克城长大，在搬到马尼托巴攻读博士之前，他在生活中不得不说英语。虽然他对语言的领会能力很强，但还是对它们的细微差别很挠头，而且他的工作也受到影响。"我在遇到英语计算问题时总是先将英语翻译成法语，用法语计算，然后再回到英语，如此反反复复。"他说。这一状况持续了数周时间，直到有一天，不知什么触动了他，思路渐渐清晰起来。他突然说："我能用英语思考了。"几乎同时，他又注意到别的事情："就像做法语梦一样，我也开始做英语梦。"

他很想知道，是否自己的梦境变化与现实生活中的突破存在某种关系，而这正是他在渥太华大学拥有专属实验室之后曾经最早尝试解决的问题之一。他着手招募了很多以英语为母语的本科生，他们正在为期六周的速成班上强化法语。尽管这些学生已经在双语学院就读，但他们的法语能力大都停滞在高中水平上。为了让自己的法语尽快合格，他们被迫放弃了自己的暑假。他们白天参加语言速成班，到了晚上积极参加各种活动，并在学校集体生活，夜以继日地和班上的同学们一起练习法语。

学生们同意到德科宁克的实验室里睡觉，并向他报告他们在三个关键节点——速成班开课前、开课几周后和结束后的梦境。

德科宁克的发现与自己的经历相符，起初，法语极少出现在学生们的梦境报告中。"你的大多数梦境与你前一天的活动有关，但即使你一整天都玩命地学习，也不会立刻将法语融入你的梦境中，"他解释道，"如果你连一丁点语法都不掌握，那就很难做第二语言的梦，因为你无法在你的梦境中运用它。"不过经过几周近乎常态的沉浸式学习，法语片段开始渐渐流淌进好学生的梦境中。"那些开始将法语融入自己梦境中的人是那些掌握这门语言更快的人或者已经'精通'它的人，"德科宁克说，"该来的肯定会来，但需要一段时间。"

当他对比学生们的法语测验分数与睡眠周期的数据时，德科宁克发现了另外一种引人注目的模式：那些快速眼动睡眠阶段所占夜

第 3 章 关于梦境的实验

晚时间比例更高的人,通常会取得更好的进步;花在梦境中的时间与精通程度紧密相关。事实上,除了三名学生的法语根本没有提高之外,在强化课程期间,与之前或之后相比,实验计划中的其他人都把更多夜晚时间用在了快速眼动睡眠。他们的大脑超强度工作,这让他们有更多机会梦到并强化新技能。

几年后,针对梦境和掌握一种新思维模式之间的联系,德科宁克设计了一项更引人注目的研究。他要求学生们戴上颠倒视野的眼镜,让每一种事物看上去都呈倒立状态。起初,他们连基本动作都做得手忙脚乱。"他们必须重新学习阅读,学习走路,"德科宁克回忆道,"他们都是年轻人,都觉得这种方式很有趣,其实它的要求很高。我不知道是否我们今天还能做这个实验。"

这是一个不分昼夜的严峻考验,甚至学生们上床睡觉的时候都得不到片刻休息。自从他们晚上戴起了眼镜,有半数人梦到拿大鼎的人和物体。即使那些没有直接梦到颠倒图像的人,也都以更为倾斜的方式应对眼前发生改变的现实世界,梦到摔跟头或感到困惑。"他们观察到的梦中的变化,"德科宁克写道,"……反映了清醒时的全神贯注和与视野颠倒有关的心理状态。"学生们还在快速眼动睡眠阶段取得了"巨大"进步——对于那些成功适应、不再笨手笨脚并摸索出如何阅读、整理卡片甚至抄写颠倒文字的人,这是一个特别引人注目的飞跃。不管他们在现实生活中正得益于他们无意识的练习课,还是颠倒的梦境仅仅反映了他们白天所做的工作,在涉及任务的梦境和实际完成任务之间确实存在一种联系。

当我参观威尔逊位于麻省理工学院的实验室时,这个地方比我想象的要繁忙一些；研究所很先进，研究生们看上去也都充满朝气。很显然，这里的睡眠科学是一门优势学科。

看着正在进行中的实验，我能领会到当年威尔逊听到睡眠大鼠的神经元活跃起来时的那种激动之情；科学研究的正常节奏是相当乏味的。在等待一只大鼠入睡的几个小时里，我与研究生汉娜·沃特沙夫特进行了一番长谈。那只大鼠的生理节律也影响到我的白天和汉娜的冬天的生活。它的头顶上有一块裸露的头皮很醒目，这是汉娜在给它的大脑内植入32个四极管时剃的。汉娜现在回忆起来还心有余悸，那是"一次令人讨厌的六个小时的手术"。为一只老鼠投入那么多心血真让人感到不可思议。尽管这只大鼠从实验开始到现在还没有完全从麻醉中清醒过来，但经过四天的接触，汉娜已经了解了它的习性。它的学习能力很强。为了避免很多仪器发出的电子信号灯光晃眼，有时它会把尾巴当作睡觉时的面罩，把脸包裹起来。这些仪器是用来记录它的细胞活跃状态的。房间的一面墙上挂满了屏幕，实时显示大鼠神经元的电活动。沿另一面墙布满了电线和铝箔，这是一套可与DJ工作室媲美的音响系统，用来放大大鼠细胞激活时发出的响声。在汉娜解释她的实验的时候，大鼠的神经元在背景中发出连续的嗡嗡声，接近那种白噪声。汉娜时不时地中断聊天，收听从扬声器里传出来的振动，或转身检查我们面前的某面屏幕。

"那里！"当节律以一种我感觉不到的方式发生改变的时候，她会大声叫喊。她指给我看监视器上起伏的波形。"我们现在监听 θ 脑波。"没有看大鼠，汉娜便知道它开始起身，绕着盖子跑。又过了一会儿，她说道："你听到哼哼唧唧的声音了吗？""这个声音不是来自神经元，这是它抓挠或咀嚼的声音。听得多了你就可以分辨出来了。"

在 20 世纪 90 年代，通过威尔逊、斯蒂克戈尔德和德科宁克等科学家针对梦境所做的工作，我们不仅可以在学习时得到梦境的帮助，而且可以在实验室里研究它们。这些具有专业素养、举止得体的学者是获取那些信息的理想大使。尽管如此，那些希望研究梦境的科学家的耐心有时也是要经受考验的。

第 4 章　梦境科学的复兴

> "参加这次会议的事，我和同事们说得不多。"马克（Marc）欠了欠身平静地说。他是比利时精神病学专家，一位风度翩翩的男人。我们一边吃着平淡无奇的会议自助餐，一边轻声聊天。"他们会认为我失去理智了。"

"我哥哥告诉人们，我要参加一次心理学会议。"安热（Ange）说，她是一位来自多伦多的图书管理员。她不是，或者说不完全是图书管理员。

马克、安热和我，还有大约 300 位与会者来到荷兰的一处僻静之地，并聚集在一座中世纪的修道院内，华丽的回廊上装饰着迷幻色彩的拼贴画和扭曲的泥塑肖像——灵感源自创造者梦境的艺术品。梦境在科学领域的地位起伏不定，但 35 年前，少数通灵者和科学家对参加睡眠会议时被当成二等公民心生厌倦，便联合起来为所共享的非同寻常的情感而战。现在，国际梦境研究协会（the International Association for Study of Dreams，IASD）年会已经成为梦境学者和爱好者的避风港。

当我第一次听到这样的事情时，我想我的计划可能就此完结了：难道我有关梦境的问题会在此"享受一次一站式服务"吗？来

WHY WE DREAM
梦的力量：梦境中的认知洞察与心理治愈力

自神经科学、心理学、历史学和文学界等不同领域的最聪明的大脑济济一堂，共同探讨我们为什么会做梦以及梦境意味着什么？当时我已经做了一些研究并准备拿出来讨论一下，不过也不敢期待有什么结果。该协会网站推荐的阅读书单包括人类学专著和科学案例研究，以及研究"如何梦到未来"的自助类书籍。该机构的董事会内有学术心理学家、生化学家，也有自封的私人教练——他们相信梦境应当可以帮助做出生活中的每个决定。浏览会议安排也没有看到什么有用的东西。会议期间将举办有关清醒梦的认知神经科学以及有关能量场在梦的解析过程中的运用的讲座。

和其他亚文化群或场景一样，国际梦境研究协会也有自己的会议和准则。到第三天的时候，当一场对话以一项涉及我的清醒梦频率或前夜梦境质量的调查拉开序幕时，我几乎就没眨过眼睛。"你与梦境有互动吗？""你的梦中生活怎么样？"我被问来问去，就像在纽约举办的一场鸡尾酒会上被问及我的工作或在一次糟糕的约会时被问及我有什么嗜好一样。对很多这样的梦境爱好者而言，国际梦境研究协会的这次年会是一年中最精彩的活动。"我一到这儿就有回到家的感觉。"雪莉（Sherry）说。雪莉是一位在美国各地讲授梦的力量课的女人。而从加利福尼亚飞过来的灯光设计师沃尔特说："这是一个部落的活动场所，是我为之向往的地方。"

光从外表看，我可说不出每个人的立场是什么。哈佛大学精神病学专家迪尔德丽·巴雷特已经出版了四本有关梦境的学术著作。当我一眼看到她时，她正在修道院的花园内散步。她身着拖地长裙和T恤衫，而T恤衫上还印着斯拉沃热·齐泽克（Slavoj Zizek）的

第 4 章 梦境科学的复兴

一句名言："现实是为那些无法忍受梦境的人准备的。"戴维·桑德斯（David Saunders）是一位年轻的英国学者，用一条黑色印花大手帕扎起齐腰长发，即使在这最热的季节里依然穿着得体的黑色西服。手腕上总是戴着一只黑色手镯，上面文着一句问话："我在做梦吗？"他的论文探讨了是否每个人都可以学会做清醒梦，这也是相关课题最全面的调查报告之一，而且当另一位与会者解释建在自家地下室的清醒梦诱导装置时，他也听得非常耐心。

国际梦境研究协会的成员对该协会奇怪的历史备感自豪，并坚持举办类似"梦境通灵大赛"这样的传统活动。一位会议主持人被指定为发信人，秘密选择一幅供冥想使用的图像。次日上午，所有来宾提交梦境报告，其梦境最接近发信人目标图像的那个人将被宣布为获胜者。

在其中一届年会的某个晚上，一位名叫克莱尔的清醒梦者被指定为那一年的发信人。她在回到自己的房间就寝时，在黑暗中喊道："象头神！"她摆动着自己的胳膊，假装是一头大象。她在睡着后做了一个清醒梦。在进入清醒的梦境状态后，她飞到钟楼上并将一幅印度教象头神迦尼萨的图像投射到修道院空荡荡的地面上。是夜，来自首尔的诗人洛伦梦到一个活灵活现的大象形状的笔架，上面架着的黑白色钢笔代表獠牙。早上，他写下了能够回忆起来的所有细节并查看大赛组织者在回廊里悬挂了一晚上的那些画像：一位撑竿跳高运动员、圣诞树前的宝宝、牧场上的马和笔触细腻的迦尼萨画像。他把自己的梦境报告投入最后一幅画像旁的箱子里。第二天，克莱尔向他表示祝贺并隆重地将一顶黄色纸王冠戴在他的头上。

在本届年会的最后一个晚上,我们聚集在一间不带任何装饰物的会议室里,准备参加期待已久的梦境舞会:这是这一周的高潮活动,主持人和与会者都盛装打扮,演绎自己梦境中的场景。据说在国际梦境研究协会的历史上,曾经有一个女人为了完全、彻底地再现自己的梦魇,最后把衣服都脱了。

今年,一个身穿紫色系带连衣裙、头戴草帽的女人跳起了富有挑逗性的舞蹈。一个女人绑上仙女翅膀,头戴花冠,还突然唱起歌来:"我曾在梦中与你同行……"一个挂着一串圣诞彩灯的女人踮着脚尖转圈,身后落下片片红色羽毛。一个身穿及地长披风、头戴黑色皮革面具的男人走了进来,可以看出这是一位荣格的追随者。我的眼睛有些看不过来了,他们的身影开始变得模糊,只剩下一堆无法形容的亮片、泡沫包装布和假发。有的人成了带有镜面的房间,有的人化身为女巫、天空和白色的物体。

他们站成一排,以长独白解释他们的装束并在最后抒发自己的顿悟。"这时我意识到,我有属于我的人生道路。""接下来我明白了现实的真实本质。"如果不是老师并未现身舞池的话,这场舞会给人的感觉就像一堂集体治疗课和校园舞会的结合体。神经科学家迈克尔·施瑞德尔(Michael Schredl)在欧洲管理着一间科研成果颇丰的睡眠实验室。当一个头戴金色假头套的男人漫不经心地弹起吉他时,施瑞尔也应和着唱起来。巴雷特戴上了一副猫头鹰面具。

"很多人感到忧虑,因为一回到家就找不到可以分享梦境的人

第 4 章 梦境科学的复兴

了。"国际梦境研究协会主席说,他写过一本有关业力治疗(karmic healing)的书。当我听到领导者交流如何让世界上的其他人善待梦境的想法时,我感觉像偷偷参加了一次秘密传教会议。一个人建议我们在自己的车上和身体上做广告,在保险杠贴纸和 T 恤衫上发出无条件邀请:请讲出你的梦。

那些广告活动可能很快就听起来不那么牵强附会了。梦境和睡眠最终从阴影中走出来。今天,已经有研究夜间大脑活动的科学家在医学和神经科学院系担任领导职务。他们拥有核磁共振成像仪(MRI)和现代化的实验室;他们不再需要自造工具或躲在偏僻的修道院里开秘密会议了。他们身着盛装参加梦境舞会并举杯祝福最具心灵感应的梦者,实际上是在向那些游走在边缘地带的先驱者们,以及那些尚无法证实的奇思怪想表达敬意;是为一直以来令尤金·阿瑟林斯基、斯蒂芬·拉伯奇、迪尔德丽·巴雷特和罗伯特·斯蒂克戈尔德等梦境研究者与众不同的学术开明之风做证。或许潜心研究梦境的学者已经具有非同寻常的宽容之心;或许他们沉浸于梦境的世界让他们更是如此。不过我有时发现我这个项目正在失去稳定性:痴迷于神秘的梦境可能让我感觉不靠谱,脱离了与现实世界的联系,而且更倾向于陷入逻辑的怪圈,对任何确定性充满怀疑。

科学对梦境重新产生兴趣,令国际梦境研究协会成为一种新奇而非平凡事物的推动力,源自我们对睡眠的新解读。在过去的几十年里,睡眠不足一直与一系列身心问题联系在一起——从注意力涣散和问题解决能力受损到焦虑、抑郁、心脏病和体重增加。2000

年，两位心理学家对比了睡眠剥夺和酒精中毒的影响并表明，连续17~19个小时不睡觉会导致手眼协调能力、记忆力和逻辑推理能力出现与血液中酒精浓度达到 0.05%（大约两杯酒）导致的相同程度的损伤。疲劳驾驶现在被认为是类似酒后驾驶的危险行为。睡眠科学家马修·沃克（Matthew Walker）说："在美国，每个小时都有人因与疲劳有关的错误死于交通事故。"在 2002 年的一项实验中，一所波士顿医院里的半数住院医师的工作负荷被减半，并被要求跟踪他们的工作和睡眠模式。在传统工作日程中，住院医师每周平均多工作 19 个小时，每个晚上少睡 49 分钟——而在值夜班期间，他们因注意力导致的过错（注意力缺失的标志是缓慢的眼球运动）也超过两次。针对临床和住院医师的后续研究显示，睡眠剥夺和严重错误的甚至致命的诊断及处方错误之间存在某种关系。

科学家已经知道，睡眠是体内细胞修复周期最重要的阶段。在此期间，帮助大脑冲洗有害细胞废物的类淋巴系统获得加速。在小鼠体内，髓磷脂——一种保护神经纤维和促进神经元间通信的脂肪物质——得以再生。参与儿童成长和成年人各种新陈代谢过程的人体生长激素从脑垂体中源源不断地分泌出来。

睡眠缺失增加了心脏病发作和中风的风险，并有可能削弱免疫系统。慢性睡眠剥夺是一种诱发高血压的危险因素，甚至一个通宵熬夜的人都有可能引发血压不正常升高。糟糕的睡眠令食欲失控，胃饥饿素（一种刺激产生饥饿感的激素）水平激增，并削减抑制肥胖的瘦素水平。一项在 13 年里跟踪近 500 名成年人的纵向研究发现，在控制年龄、体质和家族史等变量后，每晚睡眠不足六小时的青少年的肥胖率是同龄人的七倍多。另外一项涉及约 1500 名成年人的研究发现,有规律睡眠不足五小时的人被诊断出罹患糖尿病的可能性是那些每晚睡眠达七八个小时的人的两倍多。

研究显示,睡眠在维持心理健康和帮助我们处理痛苦记忆方面发挥了不可替代的作用。那些被迫观看令人不舒服的图像的人在经过睡眠后,再次看到时便较少受到干扰。而且仅仅一个晚上的糟糕睡眠便有可能令最健全的心理产生暂时性的问题——易怒、多疑、生气。在经过一段时间的失眠之后,村上春树小说中一个曾经非常活泼的女人说:"我的身体和一具溺亡的尸体差不多。我的存在感、我在这个世界上的生活,看上去就像一场幻觉。"

从历史上讲,我们对睡眠漫不经心的态度已经招致某些危险的、但绝对富有启迪意义的愚蠢行为。1959 年 1 月,著名 DJ 彼得·特里普(Peter Tripp)决定坚持 200 小时(超过八天)不睡觉并以此募集一笔善款。特里普时年 32 岁,身体健康,自觉不会有问题。他准备待在纽约时代广场的一个玻璃房子里,在里面可以取悦游客并播放他的夜间电台节目。他还会定期前往附近的阿斯特酒店,那里有一个精神病学专家团队已经开始运转。医生全天候轮流监控他,确保他不会有片刻睡觉的时间。当特里普的精神状态开始萎靡的时候,他们便给他讲笑话,和他做游戏,或摇晃他,让他保持清醒。

《纽约时报》几乎每天都会安排相关稿件,公布这一活动的最新消息。第一天,特里普一如既往表现出乐观的天性:开怀大笑并朝玻璃窗外挥手,但他的情绪是这次严酷考验最早的受害者。到了第三天，他和周围人说话时开始变得急躁。他极为严厉地呵斥他的理发师，把那个人都骂哭了。不过他每天晚上都努力振作起来，延长自己的记录并在自己的电台节目中与听众交流。据《纽约时报》报道，活动进行到一半的时候（他已经坚持了 100 个小时）他看上去"很疲惫但生理机能正常"，而且"能够进行明显正常的交谈"。

特里普依然在努力保持与现实的联系。他脱下鞋子，很想知道为什么其他人都不关心一队蜘蛛从鞋底下浩浩荡荡地穿过。他渐渐相信时代广场上的一面大钟实际上是他朋友的脸。他那电台播音员水准的、字正腔圆的语音变得含糊不清，他的体温降至危险水平。在特里普坚持了 135 个小时后，单凭精神病学专家的智慧已经无法让他保持清醒了，于是他们开始给他吃利他林[1]，一天四次。兴奋剂让他支撑下去，但无法让他恢复头脑清醒。在实验快结束的时候，他当着一位医生的面跑掉了，他觉得这个身穿制服的人是来处理自己尸体的殡葬礼仪师。"到了最后一个晚上，他已经完全失控了，我们被搞得焦头烂额，恨不得叫停这件事。"一位研究人员后来承认。201 个小时后——将近八天半——特里普步履蹒跚地前往阿斯特酒店，睡了 13.5 个小时，在快速眼动睡眠中度过了这段美好的时间。第二天早上，他的幻觉消失，情绪恢复正常，但相关研究人员后来承认这个项目非常危险。"我们做得已经很仔细了，但我认为如果我们考虑得再细致一些的话，我们会为此增加若干反对意见。"其中一位首席科学家如是说。

几年后的 1965 年，在听说了特里普的壮举之后，圣迭戈一名

---

[1] 利他林学名哌甲酯，是一种刺激中枢神经产生兴奋的药物。——译者注

第 4 章 梦境科学的复兴

17 岁的高中学生兰迪·加德纳（Randy Gardner）也在筹划一个科学项目。这个愣头青也不知哪来的勇气，觉得自己可以做得更好，他要坚持 264 个小时（11 天）以此打破特里普的记录。威廉·德门特在当地一份报纸上读到了加德纳的计划，并自愿帮助他保持清醒——这项任务变得越来越吃力，尤其是凌晨三点到七点这段时间。当兰迪祈求让他闭眼时，德门特要么对他大声吼叫，要么把他轰到门外去打球。他想方设法阻止兰迪睡觉，但每晚的陪伴却是要付出代价的；德门特一度因为在单行道上开车看错方向而被交警叫到路边停车。

与此同时，加德纳的身心健康开始崩溃。第二天，他努力睁大眼睛，并不得不放弃一项他最喜欢的消遣活动——看电视。第三天，他诉苦说感觉很恶心，而且肌肉开始不听使唤。下一日，他的情绪开始变坏，感觉自己的头上仿佛套了根松紧带。第十一天时，他被要求从数字 100 开始每隔七个数字往回数数。他数到 65 时，突然停下了；当问他为什么时，他说记不清自己在做什么了。252 小时后，加德纳终于被送进医院，他的身体状况全面报警了。医生的诊断记录显示，他出现了"间歇性烦躁、动作失调、口齿不清、局部命名性失语症、难以集中注意力"，以及妄想等症状。他的声音"软塌迟钝、模糊不清、无精打采、没有音调变化"。他面无表情、眼睑下垂、胳膊抽搐。

1989 年，《吉尼斯世界纪录》以睡眠剥夺太危险为由删除了该类别。

我们现在知道，睡眠对于学习至关重要。记忆力衰退是睡眠剥夺最明显的后果之一，任何熬过夜的人都深有感触。甚至单单一个晚上的睡眠不足便可以摧毁我们学习新技能和接受新信息的能力。在实验室里，充分休息的志愿者在各类记忆、空间和认知测验中，如回忆他们在当晚之前所经历的细节或话语、探索虚拟迷宫、熟练完成体力工作均胜过那些睡眠被剥夺的被试。在现实世界里，睡眠剥夺与糟糕的学习成绩和较低的标准化测验分数有关。虽然很难把睡眠周期的个体因素分离出来，但梦境可能是巩固重要长期记忆最重要的时刻。在早期非快速眼动睡眠阶段，我们回顾刚刚过去的事，但在稍后的快速眼动睡眠阶段，也就是梦境开始的时候，我们做最重要的工作——处理较早的、更为重要的记忆。"在非快速眼动睡眠阶段，记忆的重新激活与最近的经历有直接关系，"威尔逊解释道，"我们找到了重新激活续发事件的简要片段。我将其描述为'记忆的 MTV 模式'——经过编辑的短画面。"不过在快速眼动睡眠阶段，"并非全面检索记忆，而是重新评估你所学习的每件事，包括最近的和过往的经历"。

　　从表面上看，睡眠缺失对身心产生了不良后果，但更确切地说，这些后果的真正元凶可能是梦境不足。当人们在某个晚上错过了快速眼动睡眠，次日夜晚他们会拥有超长快速眼动睡眠阶段，或"快速眼动睡眠反弹"；快速眼动睡眠是如此关键，以至于我们的身体会重新调整自然节律以弥补其缺失。只被剥夺快速眼动睡眠的动物会和那些根本不被允许睡觉的动物一样出现很多相同的症状（不过它们恶化的节奏比较缓慢；如果没有快速眼动睡眠，大鼠在大约四到六周后死亡，但如果完全不让它们睡觉，两三周后便会死亡）。在一系列研究中，威廉·德门特发现，如果研究人员把猫放在自己的膝头,每当它们进入快速眼动睡眠阶段便轻用针刺它们的鼻子,在这种情况下,它们便无法做梦。随着没有快速眼动睡眠的天数不断累积,即使依然在睡觉期间,猫也变得鲁莽、狂躁。原本对近在咫尺的大鼠视而不见的猫开始"凶猛地"攻击猎物。它们"以一种从未被观察到的贪婪疯狂吞食自己的食物"。它们变得性欲过度;这些过去常常自我克制的猫科动物"会持续尝试与其他猫交配"。

新睡眠科学甚至对政策产生了影响。在有了证明睡眠重要性的数据以及获得美国儿科学会(the American Academy of Pediatrics)的支持之后,上学时间推迟运动——曾经只是青少年的白日梦——又被家长和活动家们提起。甚至有学者宣称睡眠剥夺是贫困的深层根源。几年前,宾夕法尼亚大学的发展经济学家们在印度城市金奈建立了一间"贫困实验室",并开始向晚上睡觉时不得不与刺耳的喇叭声和猖獗的蚊子做斗争的人分发眼罩和耳塞。经济学家希瑟·斯科菲尔德(Heather Schofield)计划考察这些睡眠辅助手段对劳动者生产效率的影响。

随着睡眠科学从一个冷门专业发展成一个资金汇聚的产业,梦境科学家在日渐增加的睡眠诊所中找到了归宿。到21世纪初,这个舞台已为梦境科学的复兴和重新审视被人遗忘的早期研究搭建起来,而学习那些发现可以帮助我们更深入地了解自己。

CHAPTER 第 5 章　用梦境解决问题

八月一个闷热的星期六，我与一个看上去完全正常的男人约会。我们喝了两瓶啤酒，然后一起出去散步，他一边走一边解释为什么自己喜欢刚刚路过的一些建筑。我们在一箱子弃书中扒拉了一番，内容都是有关某人堕落的，这时他告诉我为什么我应该读一下威廉·芬尼根（William Finnegan）那本关于冲浪的回忆录[①]。我们吻在一起，他的呼吸中有股烟草味；我拼命克制住找个理由去刷牙的冲动。我们分道扬镳，而我也没有兴趣回答他后来那些充满表情符号、询问我周末安排的短信。

总之，那次约会毫无激情可言。但在随后的几天里，我又为不想再次见到他的决定感到自责。或许我过早拒绝他了；或许我应该为事情的发展留一点余地。毕竟他拥有某些好的品质——高大帅气，工作也不错，而且让我满意的是，他不是作家。

几周后我恰好做了一个令人痛苦的梦，直到这时我才不再怀疑自己的直觉。在梦中，我同意跟那个男人第二次约会，而且为了观察我们的互动情况，我还邀了两个朋友一同前往，这样可以帮我评

[①] 威廉·芬尼根的回忆录《野蛮人的日子：冲浪岁月》（*Barbarian Days: A Surfing Life*）获得了 2016 年普利策奖。——译者注

判一下对方。在这次集体游玩结束的时候，朋友把我拉到一边，并做出了一致的判断：这个人很无聊。我拒绝他的要求没有错。当我醒来并回忆这个梦境的时候，我确认了两件事：我从未喜欢上这个男子，而且更为重要的是，我需要相信自己的直觉——尤其是在做出那种浪漫决定时——而不是求助他人来验证我的实际感受。

如果我们幸运的话，梦境有可能赋予我们探究私人问题和创意项目思路的洞察力。在离奇的隐喻中找到解决方案而不是做出简单粗暴的推理，这样做可以帮助我们用新的眼光了解它们。我们必须仔细考虑它们的象征意义，我们对它们的奇妙感到惊讶，并思索那些让人感觉真实的东西。

20世纪90年代，迪尔德丽·巴雷特设计了一项研究，探讨人们如何利用梦境解决生活中的实际问题。她首先向一群大学生讲授在梦境和解决问题之间可能存在关联的知识，并用因梦境启发导致发现的故事激励他们。接下来，她要求他们选择一个需要在梦境中解决的私人问题。和很多大学生一样，他们通常也存在与人际关系或职业道路有关的问题。在一周的时间里，每天晚上他们都会在睡觉前花15分钟思索问题，并在早上大致记下所有的梦境。在一周结束的时候，他们将日记转交给两个独立读者，后者断定大约一半的学生在一周内的某个时候梦到了他们的目标问题，还有四分之一的学生实际上梦到了一个合乎情理的解决方案。学生自己甚至更有可能相信他们的梦境中包含了建议，这些建议有时是以只有他们才能理解的隐喻形式出现的。

一名很有抱负的心理专业本科生正在为选择专业方向发愁，她已经申请了一个临床心理学专业和一个产业心理学专业的研究生课程。她梦到登上了一架正在美国上空翱翔的飞机，这时飞行员宣布，发动机出现故障，他们需要寻找一处安全着陆地点。这个学生建议飞机在马萨诸塞州降落，她在那里长大和上的大学，家人还生活在那里，但飞行员反驳称，整个马萨诸塞州都"非常危险"，他们只能坚持在空中飞行，直到西海岸。刚一醒来，她便意识到某种蹊跷事：她所申请的两个临床专业都在马萨诸塞州，而那个产业心理学专业则在很远的地方。"我意识到留在家乡是一个很大的错误，而听起来很有趣的是，选择离开可能比选择哪个专业更加重要。"另一个女学生的月经期不太正常，她梦到医生告诉自己，她的问题出在高强度的养生法和严格的饮食上，而这些情况她忘了和现实生活中的医生提及。"我猜我应该告诉他我的饮食和健身方面的情况，是这样吧？"她回味这个梦境时承认。

巴雷特的成果建立在一系列研究的基础之上，这些研究可以追溯到19世纪，当时生物学家查尔斯·蔡尔德让他的学生投票表明他们是否把梦境包含在决策过程中。20世纪70年代，威廉·德门特采取了一种更加严谨的方法，他给了500名大学生一套智力题和说明，但要求在三个晚上的睡觉前再打开看。每个晚上，他们都要打开一个问题并花15分钟时间尝试解题。次日早上，无论他们能记住什么梦境，都要写下来并再次尝试解题。

在第一个谜题中，学生们被告知字母O、T、T、F、F标志着一个无限模式的开始，他们的任务便是预测它是怎么继续下去的。一个学生梦到参观一间美术馆，并数挂在墙上的画作："一（One）、

WHY WE DREAM
梦的力量：梦境中的认知洞察与心理治愈力

二（Two）、三（Three）、四（Four）、五（Five）。"当他走到第六幅和第七幅画的位置时，发现只有画框。"我盯着空荡荡的画框，心里涌出一种特别的感觉，好像某个秘密有待解决，"他第二天早上写道，"我意识到这第六和第七个空白处是问题的答案！"正如德门特在《睡前必读》（*Some Must Watch While Some Must Sleep*）中解释的那样，正确的答案是：按顺序排列，接下来的两个字母是 S、S。字母 O、T、F、F、S、S 代表了英文数列中各单词的首字母："一（One）、二（Two）、三（Three）、四（Four）、五（Five）、六（Six）、七（Seven）。"

德门特收集了总共 1148 份梦境报告，87% 的报告涉及这个问题，7% 的报告包含答案。他承认这个实验设计存在局限性——整件事都依赖自述，而且学生们并不具有取得成功的强烈动机；试图给研究人员留下深刻印象与试图想清楚一个职业或人际关系没有什么可比性。即便如此，他深信"包含在实验中的梦境方案是问题解决的有效例证"。事实上，他推测："我们无法消除所有人在梦境中非常有规律地获得问题解决方案的可能性。或许只有感觉最灵敏的梦者才拥有获得以一种伪装的或象征性的方式呈现出来的解决方案的能力。"

20 世纪 80 年代，伦敦精神病学专家莫顿·沙茨曼（Morton Schatzman）在设计自己探索梦境和创造力之间关系的实验时，从英国各类杂志的读者群中招募实验对象。他在《星期日泰晤士报》（*Sunday Times*）和《新科学家》（*New Scientist*）等报刊上发表了一系列谜题，希望读者梦到解决方案并把它们寄回来。需要再次指出的是，这并非一个对照实验，但沙茨曼的项目有一个优势，即它的数据是从庞大的调查对象中提取出来的，并产生了很多有趣的故事。《新科学家》的一个订阅者决定通过自己的梦境解答下面这个谜题："下面这个句子有什么值得注意的地方？每当著名科学家夸大思想启蒙的作用时，我就对那种装腔作势、自鸣得意感到不太开心。"在看到这个问题的当天晚上，他梦到自己正面对一群科学家发表一场有关催眠的演讲，令他感到恼火的是，那些人并没有仔细听。早上，他回忆起来梦境中那些听众的座位摆放非常奇怪：一个来宾单独坐在一张桌子旁，两个科学家坐在附近的一张桌子旁，三个人坐在另外一张桌子旁，如此这般。"我开始感觉到，数字在这个问题中很重要，于是我数了一下这句话中的单词数量，"他写道，"在我这样做的时候，我意识到每个单词的字母数量才是关键。"于是他有了答案：句子的第一个单词是由一个字母构成的，第二个单词有两个字母，以此类推。

另一个女人是一位《星期日泰晤士报》的读者，决心在梦中解开沙茨曼下面的这个谜题："以下英文动词中哪个不属于这个组别？ bring、catch、draw、fight、seek、teach 和 think。"这个女人在梦中看到英国演员迈克尔·凯恩（Michael Caine）扭头向后指，便明白他正在表演打手势；他的姿势应该在暗示过去时态。当她醒来并仔细分析这个问题后，想出了答案。"我发现只有一个动词的过去时态不是以 ght 结尾，这就是 draw。"

"这些例子显示，"沙茨曼谨慎地得出结论称，"至少某些梦境并不仅仅是在心里涂鸦，而是具有意义和目的的。"

就像我们做头脑风暴或自由联想时那样，我们做梦时会抑制自己的判断力，从而让我们自己思考本来会摒弃的想法，并直面我们原本拒绝的真实感受。事实上，心理学家甚至确认了梦境和日间自由联想在定性上具有相似之处。无论是晚上的梦境还是白日梦，它们在情感和视觉上都是强烈的，但只会偶尔包含味觉、嗅觉和身体疼痛与愉悦之类的感觉。它们都反映了对当前的关注和对未来的焦虑，并让我们陷入不可能存在的或匪夷所思的环境中。夜间做梦的梦者和白日梦者一样，都缺少"元意识"；他忽视了自己所处的状态并屈服于虚构世界是唯一世界的幻觉。丁尼生（Tennyson）在《高级泛神论》（*The Higher Pantheism*）中做了很好的诠释："梦境在持续期间是真实的，难道我们不是生活在梦里吗？"

随着睡眠的进行，心理活动松弛下来，神经科学家所谓的默认模式网络开始生效。"这是一个大脑区域网络，每当你应付某项任务时，它就变得活跃起来。"哈佛大学研究人员罗伯特·斯蒂克戈尔德解释道。大脑这个矛盾之举是偶然发现的。20世纪90年代，当科学家开始使用正电子发射计算机断层显像（PET）扫描仪探究人类认知的时候，他们准备把休眠中的大脑当作一条基线——一种被动控制状态——并与处理各种分配任务的活跃大脑形成对照。在一项典型研究中，被试被要求完成某项认知任务，例如读一条短信或确定一个圆点的运动方向，然后躺在PET扫描仪上休息；研究人员会对比本实验两个环节的大脑扫描结果。他们假设一停止执行任务，人的大脑便会停工，但他们震惊地发现，内侧前额叶皮质和横向顶叶皮质实际上显示更加活跃的迹象。"事实证明，当你什么都不做的时候，你的大脑一直在工作，"斯蒂克戈尔德说，"你驾车前行，在马路上散步，等着服务员上菜。"表面上看，你并不特别关注任何事物，但你的大脑正在反复思考模棱两可的事或沉思尚未完成的事。

此后，默认模式网络便陷入类似心智游移、创造性思维和梦境这样的思维模式中。"入睡后，你的大脑会进入默认模式——回顾白天发生的事件，"斯蒂克戈尔德解释道，"它回顾带有'你没有完成这件事'标签的每一件事。"它们可能是任何新的、模糊的或紧张的事——一局俄罗斯方块游戏、攀登一座陡峭的高山、一次令人困惑的交流或一个伤脑筋的项目。

梦境可以被看作一种极端幻想过程。当哈佛大学的一个神经生理学家团队对比他们学生的夜间梦境和清醒时的白日梦描述时，他们发现两种梦都是离奇的，但夜间梦境所包含的离奇元素是后者的两倍，如新角色莫名其妙的外表或故事情节唐突的改变。从神经学的角度讲，梦境和心智游移都依赖于很多相同的机制。2013年，一个由基兰·福克斯（Kieran Fox）领导的心理学家团队对比了自发心智游移期间和梦境期间捕捉到的大脑意象，并发现了一个重要的重叠元素：两种类型的活动都涉及内侧前额叶皮质和内侧颞叶之类的大脑认知区域。快速眼动睡眠也占用参与视觉处理的皮质区，这让福克斯得出结论称，梦境"可以被认为是强化版本的自发清醒思维，这种思维本质上只是适度的可视化。"

梦境最重要的一个功能是促进跳出框框的思维。梦境为我们提供充足的、莫名其妙的碎片，但瑰丽的宝石就是埋藏在废石料中的。"我时常这样说，当我们做梦时，便都变成了风险投资家，"斯蒂克戈尔德说，"我们对提供 5% 收益率的安全投资不感兴趣，我们要寻找的是风险投资。如果大多数时间都是垃圾时间，这也没有什么，因为你整晚都在做梦。相比之下，如果 80% 的时间被浪费掉了，只有一个小时有重要的、通过其他方法无法理解的联想信息，那才是真正有价值的。"

在 1999 年做的一项里程碑式的研究中，斯蒂克戈尔德发现，与人们完全清醒时相比，当他们刚刚从睡梦中醒来时，会做出更加松散、不太明显的词语联想。他让大学生在睡眠实验室睡三个晚上，并在每个晚上唤醒他们两次。在两次唤醒时刻，再加上睡觉前和早上，他们都会在屏幕上看到一个单词闪过，后面跟着一串字母；他们的任务是尽可能快地想出那串字母是代表了一个真实的单词还是只是随机的字母组合。在某些场景设计中，第二个单词与第一个具有强烈的关联；如果第一个单词很长，第二个则可能恰恰相反，很短。在其他场景设计中，这一对单词只具有松散的联系，但迫使学生们找出更加隐晦的关系，如盗贼与坏事，牛仔与粗暴。一般来讲，如果第二组字母与第一个单词有明显联系，人们会很快认出配对的单词。但当他们被从快速眼动睡眠中唤醒时，我们会看到相反的模式：学生们会更善于识别关联度较弱的词对。斯蒂克戈尔德说，那些远距联想是"创造力的前兆"，因为创造力需要接受"两条你已经掌握的信息并见证将它们联系起来的一种神奇的方式"。

"在你做梦的时候——与在白天或躺在床上沉思时截然不同——你是在一个更为宽泛的联想网络中工作，"斯蒂克戈尔德补充道，"尤其在快速眼动睡眠阶段，你更有可能激活一种远距联想而非紧密联想。"睡梦的认知状态是尝试建立新联系的完美温床。我们的额叶——大脑的逻辑中心——变得漆黑一片，与此同时，我们也无法访问海马体，那里是新记忆存储的地方。正在做梦的大脑并不只是回放最近的经历，而是调用记忆存储系统，并倾向于定位在这里的冷门文件上。

如果我们希望借助梦境找到问题的新答案，就必须记住它们。被斯蒂克戈尔德和威尔逊大书特书的功能——梦境在学习和记忆形成方面所发挥的作用——并不取决于回忆梦境的能力；它和窥探我们大脑的内部运行方式一样有趣，但并不是必需的。不过我们忘了梦境的话，便不能充分利用它们了。

究其本质而言，梦境是很难坚持下去的。它们通常缺乏任何形式的内聚力或叙事结构，而且一系列杂乱无章的意象总比一个完整的故事更难以重建，这就像记住一串随机的字母比一个单词更难一样。记忆通常是通过重复的形式编码的，但每个梦境都是独特的。心理学家欧内斯特·夏克泰尔（Ernest Schachtel）把回忆梦境所面临的挑战与回溯儿童记忆的难度相提并论。他在1959年出版的《变态》（*Metamorphosis*）一书中写道，这两种大脑活动都涉及了"超越常见文化认知图式的经历和想法"。

某些影响梦境回忆的障碍超出了我们的控制。和老年人一样，人们通常很难回忆起自己的梦境——事实上，梦境回忆一般在青少年时代达到高潮。那些频繁回忆自己的梦境的人可能都拥有特定的气质：他们通常在"经验开放性"和"模糊容忍度"的心理测试中获得高分。其中一些特质似乎在成年人身上是根深蒂固的，但其他特质是可以得到改善的。在最近的一项研究中，心理学家注意到，一种旨在延缓痴呆症的治疗手段有让老年人更具"经验开放性"的额外作用：更有好奇心和创造力，更愿意考虑新的想法。他们没有预料到，这种人格特质可以适应这么晚的人生阶段，但当为期四个月的实验（一群老年被试练习不断增加难度的九宫格游戏和填字游戏）结束时，那些参与该疗法的人不仅表现出获得了目标技能，如解决问题和模式识别，而且提高了经验开放性。一位从事这项研究的教授说："某些模型表明，从功能上讲，在 20 岁或 30 岁之后，一个人的人格就不会改变了，但现在你看到一项研究成功地改变了一群（平均）年龄达 75 岁的个体的人格特质。"

不过幸运的是，梦境回忆是一种大多数人可以轻而易举改善的技能——不需要改变人格。对很多人而言，仅仅拥有记住梦境的愿望就足够了；睡觉前提醒自己一下你的意图便可以在早上产生丰富的记忆。"在鼓励和增强梦境回忆方面最重要的一个步骤是清晰而发自内心地确定你确实有兴趣，而且真的希望记住自己的梦境。"杰里米·泰勒（Jeremy Taylor）在《梦境的智慧》（*The Wisdom of Your Dreams*）一书中写道，他几十年来一直带领梦境研究团队在此领域耕耘。"将有意识关注的焦点放在回忆梦境的愿望和决心上——尤其当你入睡时——这样在梦醒时分几乎总会提高梦境记忆的数量和质量。"生活方式因素也可能影响梦境回忆；它约束你不要在上床前饮酒太多，因为酒精会抑制快速眼动睡眠。很多人在网上兜售各种维生素和补剂，把它们当作梦境增强剂，但其科学性令人存疑；最流行的梦境助推器是维生素 B6，但这种天花乱坠的广告宣传似乎是基于一项针对 12 名大学生所做的研究。相关研究人员坦承，这仅仅是一个初步实验而已。

强化梦境回忆最简便、最有效的方法是坚持每天早上第一时间记梦境日记。每当患者表现出对自己的梦境感兴趣时，心理学家梅格·杰伊都会建议他们逐渐养成记梦境日记的习惯。"无论何时醒来，如果把梦境记录下来，他们的大脑会做得越来越好。如果能坚持下去，你可能就不会说'嗨，我可不做梦'，而是会说'一晚上做了三四个梦，我还都记得'。"

20 世纪 70 年代，心理学家亨利·里德（Henry Reed）安排 17 名大学生组成一个小组，要求他们以日记的形式记录下自己的梦境，并每两周上一堂梦境解析课。在为期 12 周的项目周期内，学生们对于梦境的记忆变得愈发生动：在项目的前半段，58% 的学生能够回忆起栩栩如生的细节，而在后半段，这一数字提高到 73%。与此同时，提及色彩的梦境所占比例从 33% 增加到 52%。更为有趣的是，在他们的老师结束了这个项目之后，那些对这种记忆能力的改善意犹未尽的同学还在坚持记日记：三个月后，实验小组中有 12 名学生依然在记录梦境。

最好在意识变得清醒之前就记录下你的梦境，如在煮咖啡前、看手机前或起床前，如果可能的话，甚至在睁眼前。任何身体活动或与外部环境的互动都有可能把你从内在世界里唤醒并抹去晚上的记忆。2009 年，两位心理学家研究发现，甚至稍有分神都会影响到梦境回忆。艾米·帕克（Amy Parke）和卡罗琳·霍顿（Caroline Horton）通过打电话的方式将 28 位被试唤醒，并让其中一半的人接受了一次简单的认知练习——例如在一段文字中圈出所有的字母

e，然后再要求他们记梦境日记。正如帕克和霍顿所预料的那样，那些在记录下自己梦境前必须完成上述任务的被试提交的梦境报告较短，也不太详细。

你把梦境写在笔记本上，输入到手提电脑里或电话里，口述到录音机里，抑或画在画板上，都无关紧要。坚持比方法更重要；无论利用哪种方法只要方便坚持下来就好。我手边总是备有一杆笔和一个梦境日记本，前一天晚上先把次日的日期写下来；设定好会强化我的目标的页码，以便更容易在早上第一时间记录下我的梦境。就在最近，由于我一直坚持记录梦境的更多细节，所以渐渐习惯用 Word 记日志。早上第一时间打开电脑存在不利的一面，但用键盘打出几百字总比用笔写出来更现实些，而且也方便在已有文本中寻找参考文字。当然，手写条目也是可以用电脑打出来的，而语音记事本也是可以转录的。梦境日记本应该符合这样的要求：可以被反复阅读和查阅，内容丰富，方便搜索重复的主题并反映现实生活体验。

如果这些方法都没用，杰里米·泰勒设计的另外一种策略可能有所帮助。如果你醒来后完全没有回忆起来你的梦境，或许可以通过换一种睡姿的方式尝试恢复记忆。"我们在晚上睡觉的过程中习惯性地不断翻身，所以我们都有一系列的身体姿势，"他写道，"依次重新摆出每一个这样的姿势很有可能释放梦境记忆——大概就是梦者保持那种睡姿时的梦境记忆。"如果这一招行不通，你也可以尝试想象那些令你产生强烈感受的人的面庞，以此唤起你的回忆，因为那些人都是最有可能填充你的梦境的角色。

睡到自然醒可以帮助你保持你的梦境；心理学家鲁宾·奈曼（Rubin Naiman）将被闹钟唤醒比作"每当一部电影接近尾声的时候，从电影院里被硬生生地叫出去。"如果你必须设置闹钟的话，最好将其设定在一个快速眼动睡眠阶段结束的时候（从入睡开始的若干个90分钟周期后）振铃。当研究人员在快速眼动睡眠期间唤醒被试时，他们通常记得他们的梦境；在一个快速眼动睡眠阶段和清醒状态之间流逝的时间越多，你越不太可能记住自己的梦境。梦境在快速眼动睡眠阶段（但不完全限于这个阶段）产生得更频繁；据神经科学家马克·索尔姆斯（Mark Solms）介绍："有充分证据显示，在快速眼动睡眠阶段，高达90%到95%的唤醒产生梦境报告，而在非快速眼动睡眠阶段，仅有5%到10%的唤醒伴随有相同的报告。"基于同样的逻辑，在整个晚上按照一定间隔唤醒——直到各快速眼动睡眠阶段结束——可以回忆起的梦境数量最多；如果你的睡眠时间是八小时的话，你或许可以设定闹钟在三个或者四个快速眼动睡眠周期（分别是入睡后大约四个半小时和六小时）之后响起。罗伯特·斯蒂克戈尔德推荐采用一种更加自然的方法：睡觉前喝一两杯水。

每次醒来时——甚至在午夜时分——你都应当记录下最近一个梦境的最重要元素；如果你未做记录便又沉沉睡去，相关记忆很有可能在你从下一段梦境中醒来时被遗忘掉。甚至睡梦中留下的几个要点都有可能在次日触发对梦境的详细记忆。

这些方法可能意味着睡眠质量打折扣，至少在习惯养成前如此。"大多数记不住所做梦境的人都是那些快速进入睡眠状态、一夜酣睡、用闹钟唤醒并迅速跳下床的人,"斯蒂克戈尔德说,"他们没有中途恰巧醒来的那些时间。"

梦境的创造力一直被艺术家和发明家用来展示特别的戏剧化效果。实际上,从文学、视觉艺术和音乐到科学、体育和技术,可以归功于梦境的众多艺术瑰宝涵盖了人类成就的每个领域。贝多芬和保罗·麦卡特尼都把梦境奉为自己某些音乐作品的灵感源泉,如麦卡特尼的著名曲目《昨天》(*Yesterday*)。某些最著名的影片镜头,如英格玛·伯格曼(Ingmar Bergman)的《野草莓》(*Wild Strawberries*)、费里尼(Fellini)的《八部半》(8½)以及理查德·林克莱特(Richard Linklater)的《半梦半醒的人生》(*Waking Life*)中的片段,都体现了导演对自己梦境的诠释。玛丽·雪莱(Mary Shelley)相信梦境激发她创作了《科学怪人》;E.B.怀特(E. B. White)也因此创作了《精灵鼠小弟》(*Stuart Little*)。一些学者认为,世界上最古老的艺术均源自梦境的启发。"如果说绘制华丽的拉斯科洞窟壁画的艺术家是历史上最早的梦境回忆者的话,那么洞壁上的那些画作是否就是他们的梦境日记呢?"凯利·巴克里问道。洞穴壁画上表现的很多场景——成群的人形怪兽、点描图案上层层叠叠的野兽——都具有离奇的、梦境一样的特征,而且人类(如总是试图解梦的希腊人)经常进入洞穴以求培养重要的想象力。

无论梦境还是联想思维都包含一种放任和随性。艺术家和梦者一样,为了支持内心的幻想,听命于自己即时的想象并放弃对物理环境的依赖。我们在梦境中,亦如在创造和自由联想时,沉湎于非理性思维并暂时超越我们在白天所遵循的逻辑。在《哲学、梦境和

第 5 章　用梦境解决问题

文学想象力》(*Philosophy, Dreaming and the Literary Imagination*)一书中，文化学者米凯拉·施拉格-弗鲁（Michaela Schrage-Früh）甚至暗示，人类创作小说的初衷是将其作为一种分享和了解他们梦境的方式。"这些最早的书面故事文献实际上记录并解释了作者的梦境。例如，苏美尔人记载梦境的文字《吉尔伽美什史诗》(*The Epic of Gilgamesh*)镌刻在一块超过五千年历史的泥板上，"她指出，"讲故事的需要也许本来就源自表达一个人梦境的愿望。"

特别具有创造力的人可能天生偏爱生动的梦境；较高的梦境回忆水平与通常为艺术家所共同拥有的习惯和人格特质有关，如"经验开放性""模糊容忍度"、一种偏爱幻想的倾向和一种做白日梦的倾向。那些记住每晚梦境的人通常更从容地投入项目中，并更有可能认同"我满脑子都是创意"和"我对抽象概念感兴趣"之类的说法。

20 世纪 90 年代，詹姆斯·帕格尔（James Pagel）医生在几届圣丹斯电影节期间采访了一些编剧、演员和导演，以便了解梦境在他们的日常生活中所扮演的角色。换句话说，以了解这些人是如何频繁地通过梦境获得艺术灵感或解决私人问题的洞察力的。"超乎想象！"帕格尔说，他现在在科罗拉多州经营一间睡眠障碍诊所。这些职业创意人士的梦境回忆几乎是普通民众的两倍，而且他们"一直"在工作中利用梦境，"不利用梦境的人士反倒非常罕见。"各种类型的艺术家已经掌握了如何按照自己的需要最好地利用梦境的创造潜力。他说，"编剧经常需要做项目策划，他们在睡梦中将创意过程中出现的问题视觉化。他们会在心里带着那个形象上床睡觉，并在早上带着剧本的一个新创意醒来。演员对梦境的依赖则表现得无以复加。他们通常不仅在自己的创意过程中而且在生活的方方面面利用梦境——在处理婚姻关系、做决策以及平衡各个层面的人际关系时。"

帕格尔对梦境与生活关系的另外一端也很好奇,他接下来寻找那些从未记住自己梦境的人。他希望发现这些人是否有什么共同之处——或许是认知障碍,或许是某种与众不同的性格特征或习惯。在到自己的诊所就诊的患者中,有相当多的人(大约在6%到9%之间)声称他们从不做梦,但令当中大多数人感到惊奇的是,如果他们被适时唤醒,都会报告自己做梦了,或者如果白天帕格尔了解过他们的童年的话,他们也会在梦境中回忆起一段记忆。帕格尔花了几年的时间才搜罗到足够多的研究对象,但他最终还是筛选出16名似乎真的记不住自己梦境的人,大约每262名患者中才会发现一人。表面上看,这些人没什么问题。他们有家庭、有工作(其中还有一名数学教授),也没有表现出明显的心理症状。

他们仅仅共同拥有一种特异性。几乎每一个在他的实验室里参加过实验的人都在生活中有过某种创意——手工艺、体育活动、音乐——不过非梦境回忆者除外。"我认为,我们之所以做梦的其中一个主要原因是梦境在创造力方面所发挥的作用,"帕格尔说,"创造力是我们这个物种基本的生存特征之一。"只要大多数人记得住他们的梦境,那么零散的非梦境回忆者便不会带领人类走向灭亡;"在我们的社会里,一个个体即使不发起一个创意过程也可以过得很好,但作为一个物种,我们需要具有开发问题替代解决方案的

第 5 章 用梦境解决问题

能力"。

艺术家可能拥有先人一步的内在优势,但很多人需要通过坚持记梦境日记、练习梦境培养,甚至自学做清醒梦技巧来磨练他们的梦境回忆能力。在《纽约书评》(*New York Review of Books*)杂志上,诗人查尔斯·西米克(Charles Simic)记述了一位作家朋友。此人养成了午夜时分吃一整张比萨饼的习惯,为了记录下自己的梦境,他设好闹钟,在早上四点钟的时候把自己唤醒。当隐居在家的夏洛特·勃朗特希望写某件从未经历过的事情时(如抽鸦片),她便控制自己的意志去梦到它;萨尔瓦多·达利和罗伯特·路易斯·史蒂文森(Robert Louis Stevenson)都是熟练的清醒梦者。达利有自己独创的技巧,并在初级画师手册《绘画的五十个神秘技巧》(*Fifty Secrets of Magic Craftsmanship*)中做了分享:手里拿一把沉重的钥匙,坐下来小憩片刻。当你一打瞌睡,钥匙就会掉下来。掉落的声音会把你唤醒,而你也会获得当一个人渐渐睡去时浮现在脑海中的意象,即"临睡幻觉"。不管是有一定故事情节的还是荒谬的,也不管明显有无意义,梦境都会提醒艺术家,即使当他感觉思维受阻时,创造虚构世界的能力依然驻留其间。作家可以在梦境日记里潦草地书写,摆脱出版物幽灵的束缚去自由联想。早上,我们可以听到钢笔在纸上沙沙作响或敲击键盘发出的悦耳的咔嗒声,这些都是勤勉的标志;汩汩流淌的文字令费时又费力的写作过程变得如此轻松。

英国小说家格雷厄姆·格林(Graham Greene)在 16 岁时开始记梦境日记。在贵族寄宿学校门口,他一直是街头混混骚扰的目标，而童年时的烦躁不安也变成了成年时的抑郁。在青少年时代，他把刚刚崭露头角的创造才能都倾注到设计有趣的、然而最终无效的自杀方式上。他割开腿上的一根血管；摄入数量惊人的常规毒素，如过敏药物，也有更浪漫一点的，如致命的颠茄；吃了满肚子的阿司匹林后独自一人去游泳。他的家人最后感到绝望了，便把他送到了伦敦，参加一个疗程的心理治疗——"在1920年时这还是一件令人惊讶的事情。"他后来写道。在心理分析师的激励下，格林同意每天早上写下自己的梦境。他完成了治疗，几个月后重返校园，但他在人生的后半段把这个习惯断断续续地保留了下来，在床边放一支笔和一本便签，每次醒来就匆匆记下自己的梦境，有时一晚上多达四五次。

格林的女友伊冯·克罗艾塔（Yvonne Cloetta）后来回忆了他如何规划一天的工作时间，从而有效地利用梦境的创造力。他会在早上起草一本小说新的章节——打出500字的规定任务后收笔——然后在睡觉前仔细读一遍，"让自己的潜意识在晚上工作"。

"一些梦境帮助他解决了'卡壳'问题；其他梦境则偶尔提供构思短篇小说的素材，甚至一本新小说的框架。"她写道。她记得格林曾经说过："如果一个人能够回忆起整个梦境的话，其结果将极富娱乐性，标志着这个人出现了穿越到另一个世界的幻觉。他会发现自己远离了有意识的关注。"

当格林的生命接近终点的时候，他授权自己死后出版节选的梦境日记；一旦摆脱了凡世的羁绊，他将允许粉丝们窥视为自己的二十多本小说提供灵感的内心世界。《我自己的世界：梦境日记》

第 5 章　用梦境解决问题

（*A World of My Own: A Dream Diary*）中的很多章节读起来都像已经完成的短篇小说。在其中一篇文章中，他发现母亲死在床上；当他过去搬动她的尸体时，她开口抱怨说她很冷。在另一篇中，他到悉尼和塞拉利昂旅游，并和自己作品中的主人公交流，反驳大胡子 T. S. 艾略特（T. S. Eliot）的批评和接受友好的 D. H. 劳伦斯（D. H. Lawrence）的恭维。

在其作品中也可以明显感觉到格林对梦境的痴迷。在《恋情的终结》（*The End of the Affair*）中，梦境是小说家莫里斯·本德里克斯的痛苦与灵感之源，他拼命想搞清楚与一位朋友亡妻曾经的罗曼史。回首往事，本德里克斯憎恨遭情人抛弃后自己所做的梦境。"我记得经常在那些模糊不清的时空里梦到萨拉。有时带着一种痛苦的感受醒来，有时又很愉悦。如果一个人整天想一个女人，那么这个人本就不应该在晚上再梦到她了。"不过尽管这些恼人的梦境让人痛苦不堪，但本德里克斯依然依赖它们；就在同一个段落中，他赞美了睡眠在神秘创作过程中的重要性。这位作家介绍了他的一天："购物时心无旁骛，填写所得税申报表时一丝不苟，有时还有朋友来访，但无意识依然在不受干扰地潜流，解决问题，提前规划。"直到最终"文字仿佛从空中撒落下来……虽然一个人睡觉、购物或与朋友聊天样样不落，但作品已然完成"。

一场梦有可能充当一个项目进展良好的指示牌或适时放弃的警告。每当马娅·安杰卢（Maya Angelou）[①]在梦中看到建设中的摩天大楼，工人们忙碌着测量、搭脚手架和做着其他工作，她便知道自

[①] 美国作家、诗人。——译者注

己的写作思路是正确的,她正在"实话实说,而且说得很好"。"我没有任何眩晕感或不适感,"她告诉内奥米·艾佩尔(Naomi Epel),后者正在为自己的《作家梦境》(Writers Dreaming)一书采访作家。"我刚刚在爬高楼。我无法用语言形容那种感受有多么精彩!"

不过,作家凯瑟琳·戴维斯(Kathryn Davis)却相信正是一场梦境帮助她承认自己应该放弃第一次写中长篇小说的尝试。带着短篇小说成功的喜悦,她决定写一本篇幅更长的小说。她着手准备这个项目——一本有关因纽特人参加世界博览会的历史题材小说——但她知道所有作家都有自己的顾虑,所以她尽可能打消她自己的顾虑。"当你准备写一本小说时,你可能有这样的想法,如这个题材可不好写,那个题材会涉及困难时期。"她后来说。一个生动的梦境迫使她重新考虑自己的初衷。"在这个梦中,我从房子里走出来,来到马厩,看到一匹马从马厩门口的上部探出头来,"她说,"它叫'艾德先生',一匹会说话的马。它和我说,'太、太乏味了。'我知道它指的是我的长篇小说。从这一刻起,我把长篇小说梦埋藏在心底,并将精力转移到这个项目上,它实际上成就了我的第一部小说《拉布拉多》(Labrador)。"该小说获得了如潮的好评并开创了她的职业生涯——"都是因为'艾德先生'。"

当斯蒂芬·金(Stephen King)失去动力的时候,小说《它》(It)已经写了好几百页。他已经是一位畅销书作家了,但这本书——一个尾随儿童的小丑的恐怖故事——仍然是自己最雄心勃勃的写作计划。"我花了大量的时间和心血投入这个想法中,希望完成这部鸿篇巨制。"他告诉艾佩尔。现在他越来越接近一个看不到

第 5 章 用梦境解决问题

未来的状态,这种预期令其充满恐惧。他担心整个计划可能夭折。"我不知道接下来会发生什么,"他说,"这让我感到特别不安。因为在这种状态下,书是写不下去的。"由于这种不祥的想法困扰着他,所以当他有一天躺到床上时,便开始自责:"我必须有个想法了。我必须有个想法了!"

几个小时以后,他徜徉在一座垃圾场内,里面堆满了旧冰箱,他凭直觉就明白,自己已处在四面楚歌的境地。他开始探索这个奇怪的地方;他走到一台报废的冰箱旁,拉开冰箱门。一包包通心粉形状的东西在锈迹斑斑的置物架上晃荡,其中一包飞了出来,落在他的手上。一股暖流立刻涌入他的胳膊——"就像皮下打了一针普鲁卡因[①]"——他意识到那个东西正在吸走他的血液。"接着它们都开始飞出这台破冰箱,落到我身上,"他回忆道,"它们是看上去像贝壳通心粉的水蛭,而且正在胀大。"当他身体一哆嗦并从噩梦中醒来时,自然"非常害怕"——但也"非常高兴":他知道已经找到了梦寐以求的情节设置。他把梦境详细记录下来并一字未改直接放到了书里。当然,他如愿以偿地完成了这本书——最终超过了 1000 页,宏大的野心得到充分满足,牵动了数百万读者的心,让美国的小丑们都失了业。他反思道:"我真的以为在做这个梦时我睡着了,而潜意识在继续工作,并最终以你通过气动导管[②]给同事发送办公文件的方式传递出来。"金对梦境这种激发灵感的能力或梦境与写

[①] 一种局部麻醉剂。——译者注
[②] 气动导管传输系统最早的实验装置出现在 19 世纪,现在依然在工业装置、医药、物流等领域具有广泛的应用。——译者注

103

作之间的相似之处并不陌生。"我一直把做梦当作照镜子,看一看你在正前方视野中看不到的事——就像你用镜子看脑后的头发,"他说,"作为作家我有一个能力,那就是做清醒梦。"——引导自己进入一个出神的状态,在那里无论故事还是意象都可以不受指使、自由穿梭。

即使现实世界里的科学家和数学家也可以从一场跌宕起伏的创造性梦境中受益。1902年,一位名叫奥托·勒维(Otto Loewi)的德国生理学家听说了一场有关神经与肌肉之间如何沟通的论战——它们是以电子方式还是以释放的、游走全身的化学物质传递信号呢?当年轻的勒维了解到神经与特定的药物在影响肌肉方面存在相似之处的时候,他决定支持不太流行的化学传递理论——但他无法想象如何验证自己的直觉,于是他把这件事暂时搁置一边,继续搞自己的动物新陈代谢研究。

大约20年以后的一个夜晚,有关这个被忘却问题的解决方案忽然之间浮现在梦境中。"1921年复活节的晚上,星期六,我醒了,打开灯,在一张小纸条上记下了几行笔记,"勒维后来写道,"然后,我又睡着了。在早上六点的时候我突然想到,昨天晚上我记下了某件最重要的事,但因写得太潦草,我竟然没辨认出来。在我整个科学生涯中,这个星期六是最令人绝望的一天。"不过在第二天晚上,幸运之神眷顾了他:梦又回来了。"我在三点钟再次醒来,并记下了那是什么,"他写道,"这一次不敢大意:我立刻起床,前往实验室,并做这个实验。"

勒维似乎在恍惚中开始上演梦中的场景。他解剖了两只青蛙,摘取了它们的心脏,并将它们浸泡在生理盐水中——脱离身体的心脏会在里面继续跳动。接下来他找来一块电池,用它刺激一只心脏的迷走神经,正像他所预想的那样,迷走神经放缓了心脏跳动的速度。他从装有减速后心脏的容器里取出了部分生理盐水并转移到另一个容器里。第二只心脏也放缓了跳动的速度,这印证了勒维当初的预感:某种产生自迷走神经的化学物质而非来自电池的电荷才是心跳速度变化的根源。"五点钟,神经冲动的化学传递最终得到证实。"他写道。他还确认了第一种神经递质并为整个神经科学领域奠定了基础。

勒维的梦境——及其丰富的现实世界成果——让理性的研究人员相信,我们有时应该不假思索地相信不期而至的直觉。

"此前,我从未有意识地探索神经冲动的传递问题,"勒维写道,"因此它始终在我面前保持一种神秘感,所以我命中注定可以找到解决问题的方法。几十年来,这一问题一直被视为生理学最亟待解决的问题之一。"据其推测,如果他是在匆匆忙忙的白天产生这种思路的,准会把它挑出来并排除在外。

像勒维这样的学者通常会非常认真地维护自己的理论。在充满竞争的学术圈子里,被引次数就是转化成稀缺工作岗位和晋升的"硬通货"。然而当麻省理工学院数学家唐纳德·纽曼(Donald Newman)在为自己一份写于 20 世纪 60 年代的论文致谢时,却异常慷慨,将其归功于自己所做的梦境中的一件虚构的事。纽曼和他的朋友约翰·纳什(John Nash)经常讨论数字和证明,闲聊各自的工作进展;数学在他们长期而紧密的友谊中处于核心地位。有一个

WHY WE DREAM
梦的力量：梦境中的认知洞察与心理治愈力

特别问题迟迟得不到解决，其实解决它的关键就存在于纽曼自己的脑子里，而二人的对话则导致了尤里卡时刻（eureka moment）[①]的出现。纽曼梦到他和纳什在剑桥大学一间餐馆里吃饭。纽曼问纳什该怎么做。当纽曼醒来后，心中有了答案。"这不是我的解决方案，"纽曼在2002年接受美国公共广播公司采访时称，"我一个人无法做到。"

"我一个人无法做到"——纽曼谦逊的态度让人们发现在梦境中寻找灵感的前景竟然如此诱人。这是多么浪漫的想法啊！它正好契合我们把创造力视为一种无名力量和一种神秘工作方式的观点。它暗示了在艰巨的创造过程中发现捷径以及梦境充当思想交汇之地的诱人的可能性。

[①] 尤里卡是古希腊语"我发现了"的意思。阿基米德在浴盆里洗澡时悟出了计算浮力问题的方法，便不管不顾地跳出来，高喊"尤里卡！尤里卡！"——译者注

CHAPTER 第 6 章 | 梦境的治愈力量

不久前,我做了一连串不可思议的梦,它们明确无误地指向一件即将来临的事情,我也正在为此感到不安。我从小就是一个素食者,在人生的前 25 年里,我自认为并未吃过一丁点肉或鱼,甚至与动物尸体有过接触的蔬菜也不吃。每当我走过肉食较多的餐厅的门口时都会屏住呼吸。上高中时,我要求男朋友吃过肉后必须刷牙。

但在花了将近四分之一个世纪小心谨慎地避免肉食后,我觉得已经受够了。我从未为我的饮食习惯做过任何真正的思想意识方面的辩护;我从未感受到与动物有任何特殊的亲密关系,而且我认为我的身体足够棒了。我的饮食只不过基于一种根深蒂固的习惯。当我到不像纽约布鲁克林那样处处照顾素食者的地方旅行时,会对烦人的限制感到厌倦,而且也不愿意再麻烦朋友和东道主。在一次晚宴上,朋友单独为我做了一份素餐——接着不留神加入了鱼露,于是不得不再做一份菜。我很自责,为什么我要给她添这么多麻烦呢?再说了,我也很好奇或许我会错过什么。肉类似乎是很受欢迎的。

为了欢迎我成为杂食者,朋友们计划开一场肉食派对。他们保

WHY WE DREAM

梦的力量：梦境中的认知洞察与心理治愈力

证，墨西哥鱼肉卷将会成为进入肉食世界的一道恰到好处的开胃菜；淡淡的鱼肉味道会用萨尔萨辣酱和西兰花之类味道浓烈的调料和蔬菜遮盖一下，而我也会借着大量酒精把它们送到肠胃里。我给自己留出了一个月的时间，准备在心理上接受这种转变，而随着大日子日益临近，我做了三个清晰的有关吃肉的梦。

- 我坐在一间自助餐厅里。主菜是一大块肥腻的鸡肉，就像橡胶棒。我决定吃它；我把它切成了几块。我和屋里的众人宣布我正在吃肉。每个人都没有任何表情。
- 我品尝了一种饼干；口感不太好。接下来我意识到饼干中加入了培根。
- 我正在吃盛在一只蠕虫状大碗里的莎乐美肠。它吃起来黏糊糊的但味道还不错。这两种感觉的反差有些大。突然，我很想知道这种香肠是否符合犹太教规。我用谷歌搜索了一下，发现宗教改革联盟说没问题。

我从每个梦中醒来时都感觉稍稍多了一些心理准备，也帮我增加了一定的信心。当我最终把第一口真正的罗非鱼送到嘴边的时候，我在担心之余还稍微有点恶心。但我接下来还是咽了下去——似曾相识的强烈感觉。

按照威胁模拟假说，梦境会逐步形成一种重要的心理功能，以帮助我们在低风险环境中消除焦虑感、熟悉应激事件，并应对悲痛和创伤。正如芬兰科学家安蒂·瑞文苏（Antti Revonsuo）在20世纪90年代指出的那样，我们在梦中所体验到的大多数情感都是消极的；最常见的情感是恐惧、无助、焦虑和罪恶。对于像瑞文苏这

第6章 梦境的治愈力量

样的进化心理学家而言，这样的状况是令人困惑的。为什么我们的大脑会让我们屈从某种如此一贯的令人讨厌的事物？他推断，如果我们的祖先能够在睡觉时练习处理危险状况，那么当他们将来有一天真正面对时，或许可以拥有某种优势。早期的人类生活环境是由野生动物、不可预知的地形地势，以及敌对的人类族群共同营造的"雷区"；任何优势都有可能增加一个人的生存机会。这一理论解释了消极性与攻击性在梦境中的普遍存在，以及很多梦境的原始特征；甚至几乎没有经历过荒野或人际暴力的城市居民也经常梦到被危险的动物或来者不善的陌生人攻击。类似阅读和写作这样的活动——在人类历史上属于相对近期的发展——在梦境中更加不同寻常。

正如威胁模拟假说所预言的那样，动物似乎可以梦到与生存有关的活动，如狩猎、交战和进食。如果被剥夺了快速眼动睡眠，动物甚至可能无法完成最基本的任务。2004年，威斯康星大学麦迪逊分校的一个精神病学专家团队设计了一个实验，探索梦境剥夺如何影响大鼠对威胁的响应能力。他们采用"花盆法（flowerpot technique）"[①]——一个听着很舒服、很有欺骗性的术语，实则是对大鼠的一种折磨——剥夺一些大鼠的快速眼动睡眠，但并不改变它们的总睡眠时间。

每只大鼠被单独放在一个倒置的花盆上，而花盆则漂浮在一口水缸里。当大鼠感到疲惫时会躺在花盆顶上睡觉。但当它

---

① 国内学者也将该术语翻译为"小平台水环境法"，此处为了配合作者对这个名称的调侃而采取了直译——"花盆法"。——译者注

WHY WE DREAM
梦的力量：梦境中的认知洞察与心理治愈力

一进入快速眼动睡眠，它的肌肉就会变得僵硬，而它也会从栖息的地方落入水中并醒过来。这只大鼠接下来会爬回花盆顶上并再次躺下，但这个循环会重复下去，让其一刻都没有进入快速眼动睡眠的机会。

几天过后，这些倒霉的大鼠以及某些被允许正常睡眠的大鼠接受能力考察。它们将要面对奇怪的物体、掉进一个空槽子、被放进一个迷宫和遭受电击。在每个情境中，那些获得休息的大鼠反应得当，而被剥夺睡眠的实验组的行为则很狂乱。面对异物时，它们会捯饬一下自己而不是掩埋它。在被迫到迷宫中游荡或掉到一个空槽子里后，它们更倾向于进入危险的空旷地带而不是坚持待在更暗的边缘地带（如果在野外，待在这样的环境里遭遇捕食者的可能性较小）。在遭受电击后，它们也无法冷静下来。甚至当被剥夺了快速眼动睡眠的大鼠接受安非他命注射（可暂时抵消睡眠的影响）后，它们的行为并未改善；很显然正是甜美梦境的损失——而不仅仅是一般意义上的疲倦——令它们走上自我毁灭之路。

除非我们是《幸存者》(*Survivor*)或《饥饿游戏》(*The Hunger Games*)中的竞争者，否则现实生活中的威胁通常不会像生死迷宫那样富有戏剧性，当然，我们的焦虑梦与之堪有一比。考试梦便是典型的现代人版的猫鼠游戏梦——做这种梦的梦者很不幸地发现自己在参加一场重要考试时竟然没有准备，可能还穿着太随意。即使睡梦中考砸了，现实生活中的考试环境似乎也变得熟悉起来——这种熟悉的幻觉可以转变成真正的优势。我自己的考试梦无聊得不想记录，脉搏快得都记不住。"离开考试中心时，我才意识到问答题都没做。""我正参加考试,但忽然想起来我没穿裤子。"这些梦魇在我从学校毕业多年以后又出现了,但它们跳出来的时机是在我担忧其他事情时,例如一个正在逼近的截止日期或我准备发表的一篇小说的投稿情况。一些心理学家认为,在紧张的时候,我们会梦到已经通过的考试;我们的大脑是在提醒我们,曾经有一次我们战胜了某件令我们恐惧的事,提升了我们在现实生活中的自信心。弗洛伊德在自己的焦虑梦中再度体验了他已经通过的植物学和化学考试,而不是没有通过的医事法考试。实际上,我是穿着裤子参加大学期末考试的,而且我也没让考题空着。由于每天都仔细思量最糟糕的情境,我认识到它们是那么不可能,甚至荒唐可笑;直面它们削弱了它们令人恐怖的力量,甚至让我感到好笑。一声叹息后,我从梦境中醒来——对于一次会议而言,不管准备得多么不充分,我总不至于光着屁股前往。不管一篇文章写得多么糟糕,我也不会重新去读大学。无论我的编辑怎么评价我的草稿,他也不会发给我的前男友征求意见。他更不太可能援引一个秘密的恶魔条款,以便让他冒充恶魔并取消我的合同。

2014年,在神经学家伊莎贝尔·阿努尔夫(Isabelle Arnulf)的领导下,在数千名未来的医生按计划参加医学院入学考试当天,来自索邦大学的研究人员和他们进行了交流。将近四分之三的学生说,他们在整个学期至少梦到一次这场考试,几乎所有那些梦境都是噩梦:在前往考试中心的途中迷路了、发现不会解题,或意识到他们在用隐形墨水写字。当阿努尔夫对比了学生们的梦境模式和他们的成绩之后,她发现了一种引人注目的关系:那些经常梦到这次考试的学生在现实生活中表现更好。更有意思的是,成绩最好的五位学生在梦境中都遭遇到了某种与考试有关的障碍,如睡过了闹钟时间或时间不够了。"消极的预期也许有助于优化白天的工作效率,就像一个职业棋手在选择和走出最好的一步棋之前,想象所有可能的棋步,尤其是导致输棋的棋步,"她写道,"在梦中经历的可怕情境(得阑尾炎、迟到、无法参加比赛)和第二天早上更轻松的现实(身体健康、占有天时和地利)的对比,可能减少学生的焦虑感,让人安心和有利于比赛。"

考试失败似乎仅仅是在世界范围内反复发生的众多经典梦境之一。几千年来,人们一直在记录和思考有关飞行、坠落、在公共场合裸体以及掉牙的梦境。这些梦境动机的普遍性暗示存在某种根本性的东西——也就是说,像语言、音乐和社会组织一样,它们服务于某种深层次的进化目的。弗洛伊德认为,飞行梦植根于童年时坐在摇篮里的记忆;荣格把它们与征服现实世界的挑战联系起来。德国精神病学专家迈克尔·施瑞德尔发现,飞行梦"反映了在现实生活中所经历过的积极的情感状态"。需要指出的是,他的结论基于实证研究而不是猜测。

另一个充满活力的讨论话题在埃及蒲草纸卷、吠陀语经文和日本大学生的期刊论文中都有述及。它所涉及的是有关掉牙的梦境,这种梦境较为常见但也充满神秘感。很难确切掌握这种特殊噩梦的典型程度,但一项研究发现,21%的美国大学生梦到过掉牙;这种梦境通常与现实生活中的紧张情绪有关。古犹太神秘主义者巴尔·海迪亚(Bar Hedya)认为,掉牙梦境是一种警告,表示会有一位亲属不久于人世;美国纳瓦霍人也认为这种噩梦提醒梦者的家人要小心行事。弗洛伊德则预见性地将其视为阉割的象征。而我最认可的精神分析观点是由一位名叫桑德尔·洛兰（Sandor Lorand）的匈牙利理疗师提出的：这种梦境反映了那种回到婴儿期无牙、无性别状态的愿望。不过，科学家也承认：在不考虑梦者生活和梦境形式的情况下，试图解释一场梦境的孤立元素是毫无意义的，因为不同个体的梦境语言差异很大。尽管如此，解梦的传统依然在网络上大行其道。一些很火的解梦网站告诉我，那些做梦掉牙的人害怕衰老、出现了口误，或者"在生活中会遇到麻烦"。

为此，有两位心理学家在1984年进行了一项实证研究，旨在了解为什么某些人倾向于做这些与牙齿有关的噩梦。他们招募了14名经常做掉牙噩梦（"牙齿消失、被拔掉、敲掉或折断"）的人和14名经常做飞行梦的人。

他们在两组研究对象中发现了微小的个性差异——掉牙梦组在焦虑和抑郁程度上得分较高——但主要发现却令人兴味索然：掉牙梦组的成员花很多清醒时间思考涉及牙齿的事。梦很普通，但他们有关作用机制的假设依然值得考虑。他们认为，"其中一个可能的解释是有关掉牙的梦境反映了一种无意识的历史记忆痕迹或牙齿在人类早期生活中扮演重要角色时期的原型。现实生活中的牙齿脱落可能意味着死亡，因为它会带来饮食习惯的变化以及与进食或防御有关的其他困难。对当前的梦者小组而言，无助或失控的心理状态可能触发残留的、原始的掉牙梦"。梦境中经常包含某种原始元素，如环境（荒野）、活动（躲避凶残的陌生人），或者曾经对人类生存至关重要的身体部位（牙齿）。在现代社会里，一个人的生存和成功更依赖于心理调节，虽然那些残迹出现在不同的环境中，但它们或许正在充当类似的进化功能。

最近一波研究浪潮发现，在梦到一项新的或不熟悉的技能与在现实生活中提高这项技能之间存在密切的联系。两位巴西神经科学家借鉴哈佛大学精神病学专家罗伯特·斯蒂克戈尔德的实验计划做了一项新的实验，用一款名为《毁灭战士》(*Doom*)[①]的暴力视频游戏代替了《俄罗斯方块》，并于2009年在神经科学协会会议上发表了他们的研究成果。像斯蒂克戈尔德那样，西达尔塔·里贝洛（Sidarta Ribeiro）和安德烈·潘托哈（André Pantoja）召集了一个22人的志愿者团队，其中包括菜鸟玩家和高手玩家，并教他们在睡觉前玩《毁灭战士》。他们之后的梦境和游戏中一样血腥。

到了早上，他们继续打游戏。里贝洛和潘托哈在分析了被试的梦境报告以及他们的表现之后发现了一个明显的联系：那些在自己的梦境中依然沉湎于《毁灭战士》游戏的被试更有可能在早上玩游戏时熟练地屠戮虚拟敌人，并驱动他们的替身绕过障碍物。脑电图记录也让我们得以窥见梦境在现实成就中所发挥的作用。无论在白天的游戏中还是在梦境中，对于那些最初在动手练习环节磕磕绊绊的菜鸟玩家而言，他们与动手相关的大脑区域呈现更高的活跃度，而那些高手玩家负责复杂推理和决策的大脑额叶区域更加活跃。一个可能的解释是，不管是基础操控方法还是高级谋略，这些梦境都集中在最需要改善的各种技巧上。里贝洛在接受《新科学家》杂志采访时给出了另一个解释。这个理论是，"那些频繁梦到《毁灭战

[①] 鼓励玩家用手枪和链锯消灭虚拟怪兽的第一人称射击游戏。

士》游戏的人可能就是那些最积极提高自己游戏技巧的人。"

作为生存主题类型的游戏,《毁灭战士》貌似比《俄罗斯方块》类的智力游戏更容易成为现实生活的翻版,而认知神经科学家艾琳·瓦姆斯利则希望更进一步,她利用斯蒂克戈尔德的范例,研究梦境在熟练掌握锻炼身体和探索新领域之类的日常活动时所发挥的作用。"如果你交给人们一项吸引人的学习任务,你可以看到该任务会在他们的梦境中反复登场,"瓦姆斯利解释道,"人们越经常梦到他们刚刚学到的东西,他们的记忆就越牢固。"

瓦姆斯利在位于南卡罗来纳州的福尔曼大学拥有自己的睡眠实验室。她在一项实验中教 43 名大学生玩一款名为《高山滑雪》(*Alpine Racer*)的模拟高山滑雪场电脑游戏。学生们将花几个小时的时间站在屏幕前玩仿真滑雪,躲避虚拟障碍物。在第一个晚上,不管是直接的(一个参与者看到一个难度特别大的拐角处闪烁的灯光)还是间接的(另一个人梦到参加横穿旧金山市的赛跑比赛),将近半数的梦境报告都包含了这款游戏的某个元素。

在另一项研究中,瓦姆斯利让 99 个大学生在中午到自己的实验室报到,利用 45 分钟时间玩穿越三维迷宫游戏。接下来一半的学生到一间黑屋子里小憩片刻;剩下的人下午就待在睡眠实验室里,并配合完成瓦姆斯利的定期问卷调查,内容包括大脑中出现过的"各种事"。到了下午五点半,每个参与者又玩了一次迷宫游戏。瓦姆斯利再次发现在有关穿越迷宫的梦境和实际完成得更好之间存在密切联系:与那些没有梦到这个任务的学生相比,那些梦到的学生穿越迷宫的速度提高了十倍。其中一些梦境明确涉及了迷宫任务的元素，而其他的梦境则回忆起了关系不大的经历：一名学生梦到很久以前到一个迷宫般的洞穴参观的情景。不过在那些一直保持清醒的学生中，"与迷宫相关的思想活动"——有意识地思考或回顾这个任务——对他们的表现没有影响。而对于那些做梦的学生而言，似乎在做梦期间发生了某件特殊的事，而这件事在他们清醒的时候是无法复制的。

梦境可以帮助人们做好应对更加严肃问题的准备，而不仅仅是面对虚构的迷宫或探索一个可口的食物类别。1971年，一个由心理学家路易斯·布雷格（Louis Breger）领导的三人团队决定研究准备做手术的住院患者的梦境。患者本来已经被疾患搞得非常脆弱，但一想到自己无意识的躯体将躺在手术台上，此时等待开刀的紧张甚至可能把一台小手术变成一次精神溃败。不夸张地说，患者手术之前的梦境通过象征和隐喻详细展示了那些焦虑和恐惧。引人关注的是，那些声称不必担心手术的人——用心理学家的行话说，他们表现出"强烈的压抑倾向"——实际上更频繁地梦到即将到来的手术。阿尔是一位年届花甲、性格外向的退伍老兵，否认对自己的血管外科手术感到不安；他甚至声称自己无法感受到痛苦，因为他从未经历过任何痛苦。然而他的梦魇却讲述了另外一个版本的故事。在其梦境中，到处都是残刀断剑和堵塞的下水道。他的身体受到了威胁；他站在一群陌生人前面，他们看上去"要割断"他的喉咙。随着手术日期日益临近，他梦中的自我变得更加坚定自信；他尝试着迎接挑战。在一个梦境中，他修好了一台坏烤箱。在另一个梦境中，他疏通了一组堵塞的管道，布雷格认为这象征阿尔自己堵塞的血管。"阿尔的梦境主要以象征或非直接的形式反映手术的威胁。"

布雷格写道。存在各种毛病的家电并非阿尔梦境的典型特征；它们仅仅出现在该患者大约15%的手术后梦境中，但在手术前梦境中出现的比例则超过50%。

如果梦境这么重要，如果它们的这么多功能有赖于我们的理解，那为什么它们经常看上去不可理解呢？为什么在它们当中充斥着似是而非的隐喻和凌乱的意象呢？为什么阿尔应当梦到堵塞的管道而不是手术呢？

正如弗洛伊德所指出的那样，可能是他没有准备好坦然面对自己的手术。或者梦境本来可以帮他一个忙，令手术想起来更有趣些：神秘总是比直截了当的教训更引人注目。

我们偏爱关注和讨论奇怪的梦境，而大多数梦境都没有我们所设想的那么匪夷所思。在布鲁克林和贝塞斯达的实验室里分析了600多份梦境报告之后，心理学家弗雷德里克·斯奈德（Frederick Snyder）得出结论称，"梦境意识"事实上是"现实生活相当忠实的复制品"。在他的样本中，38%的场景是梦者可以在其现实生活中辨认出来的真实地点；另有43%的场景与他们已经知道的地方相似。只有5%的场景被认为具有"异国情调"，而可以称作"奇妙"的场景不足1%。当斯奈德根据连贯性的各种测试方法——"叙述的文字可以组成一个故事吗？""即便不太可能，这些事件也是可以想象的吗？"——给每份梦境报告打分时，发现即使在最长的梦境中，其中半数梦境都缺乏哪怕一个离奇的元素，而且高达90%的梦境"原本就应该被认为是日常体验的可信描述"。

WHY WE DREAM

梦的力量：梦境中的认知洞察与心理治愈力

尽管如此，依然存在这样的事实：在某些晚上，我们的大脑会编造起码有些牵强附会的场景。20世纪90年代，一个由罗伯特·斯蒂克戈尔德、艾伦·霍布森和辛西娅·里腾豪斯（Cynthia Rittenhouse）组成的三人小组着手研究是什么因素在束缚梦境想象力。在分析了他们学生200份梦境报告中的97处中断之后，他们发现事实上有规则和模式在发挥作用；梦境并非由常规物理法则控制，但它们也不是一团乱麻。斯蒂克戈尔德所谓的类内变形（intra-class metamorphoses）比类间变形（inter-class metamorphoses）更为常见。换句话说，当一个梦中角色发生转变时，它通常伪装成另一个角色的面目出现，而不是变成一个无生命的物体；反之亦然。而且甚至在类别以内，转变也完全不是随机的：一座池塘变成了一处海滩；一位叔叔变成了一个邻居；一辆汽车变成了一辆自行车。"本研究最令人惊讶而神奇的发现是，很多并不连续的梦中意象都具有自相矛盾的连贯性，"研究人员写道，"一个梦中的物体并不随机转变成另一个物体，而是会转变成与自己在形式上具有相关特点的物体。"

在另一项研究中，哲学家安蒂·瑞文苏和心理学家克里斯蒂娜·莎米瓦利（Christina Salmivalli）分析了他们学生的数百份梦境报告，并发现梦中的情感通常合乎情境，即使情境本身非常古怪亦是如此。而且另一个重要元素也非常稳定：梦者自我"保护得很好"，并且"极少受到与清醒的现实世界不协调的特征的困扰"。"自我表征想必是我们长时记忆系统的基石之一。"他们解释道。即使在梦里，我们也知道自己是谁。

第 6 章 梦境的治愈力量

若要了解梦境和睡眠在情绪健康方面所发挥的作用，应该考虑当我们忽视它们时发生了什么。一项研究发现，出现睡眠障碍的青少年在青春期更容易出现自杀倾向。另一项针对 65 岁以上老人的研究显示，睡眠质量不佳持续 10 年以上，自杀风险增加 34%。科学家尚未充分了解睡眠和心理健康之间的关系，但一些人相信睡眠和梦境方面发生的变化会加重抑郁的程度。疲劳令我们变得偏执；一个美好夜晚的快速眼动睡眠能帮助我们准确解释社交暗示，而无梦的睡眠却通常令我们承担最糟糕的情况。2015 年，马修·沃克和他在加州大学伯克利分校的团队让 18 名年轻人观看传递不同情绪的面部图像——从友善（眼神放松嘴角上翘）到不祥的预感（蹙眉、嘴唇抿成一条细线）——并解释那些表情。志愿者在两个独立的场合完成了这项任务，一次是在整晚睡眠之后，另一次是被迫保持清醒 24 小时之后。当被允许正常休息时，他们毫不费力地理解了模特的面部表情。但当他们被剥夺睡眠时，同样的参与者却失去了辨别不同情绪的能力，而且倾向于判断模特们比他们实际更有敌意。

在令人郁闷的睡眠中，其中一个最富戏剧性的改变是梦境回忆的减少。如果一个心理健康的人在睡眠周期的某个适当的点上被唤醒，会报告当时 80% 到 90% 的梦境。在严重抑郁的人群中，这个数字可能降至 50%，人们回忆起来的梦境也不太生动；它们很短、不带感情色彩，而且很少涉及角色。不管是因还是果，缺少梦境都会加深抑郁感，剥夺这个人排遣痛苦的机会。

在《邪恶幽灵：抑郁的作家》(*Unholy Ghost: Writers on Depression*) 一书中，几位提供素材的作家在回顾虚无缥缈、肤浅的梦境时，把它们视为自己最黑暗阶段的标志，如作家弗吉尼亚·赫弗南（Virginia Heffernan）"梦到了被截断的、改变形状的光线"，小说家莱斯利·多尔曼（Lesley Dormen）的梦中"充满了水"。由于威廉·斯蒂伦（William Styron）深陷自杀倾向的抑郁中，所以他的睡眠也是断断续续和焦躁不安的，而原本总是曲折悠长的梦境也变得暗淡起来。"我觉得一个人为了满足睡眠功能的需要就必须要做梦，"他曾经这样说过，"所以对于我的病症来讲，不做梦几乎是不能容忍的情况。我非常清醒地意识到这样一个事实：当我从一种药丸诱导的、人为制造的睡眠（为了能够入睡，我当时服用镇静剂）中醒来时，我心里留意了一下，在那段时间里，我并没有做梦。这是不是本末倒置了，我并不清楚。"他记下了开始恢复做梦的日期。就在那个晚上他离开了医院，他说："这就好像我的大脑正在通过这种不停顿的美梦宣布幸福安康的回归。"

正如斯蒂伦凭直觉感受到的那样，在抑郁状态下，睡眠周期的整个模式都发生了改变。一个健康的人通常进入非快速眼动睡眠阶段大约一到一个半个小时之后，便进入快速眼动睡眠。第一个快速眼动睡眠阶段持续大约 5~10 分钟，而每一个后续的快速眼动睡眠阶段的持续时间会越来越长。如果你的睡眠时间是六到九个小时，那么你便有大约四到六个睡眠周期；在最后一个阶段，你在快速眼动睡眠中会消磨长达一个小时的时间。而对于抑郁症患者而言，第一阶段的快速眼动睡眠来得太早，持续时间也太长；也许入睡仅仅 45 分钟便开始了，但持续时间长达 20 分钟。抑郁程度越严重，它来得就越早，持续时间也越长。尽管抑郁症患者将晚上的大多数时间花在了快速眼动睡眠上，但负责理性思维的大脑区域还是过于活跃了——这有可能妨碍大脑为做梦创造所必需的些许联系。根据1988年的一项研究，夜间的情感模式也会发生改变。一般来讲，在每个快速眼动睡眠阶段，梦境都会逐渐变得惬意，从而减少了不得不在早上把我们自己从情绪糟糕的噩梦中拉出来的可能性。不过抑郁症患者的梦境遵循相反的过程——起初是没有情感的，然后变得越来越压抑。

从20世纪70年代末一直到2000年，心理学家罗莎琳德·卡特赖特（Rosalind Cartwright）针对属于高抑郁概率人群的新离婚者的梦境做了一系列研究。马修·沃克对卡特赖特的评价是"可与西格蒙德·弗洛伊德比肩的梦境研究先锋"。在一项研究中，她邀请了60位身处离婚漩涡的人——大约一半有抑郁症状——选择两个时机并在睡眠实验室睡三个晚上，一个时间点是在离婚过程之初，另一个是在12个月之后。在实验开始的时候，抑郁组中三分之一的成员报告称梦到了他们的前夫或前妻。到年末的时候，那些一开始就梦到伴侣的人更有可能从肉体和心理两个方面都恢复过来；他们的情绪更加积极，他们的经济状况更加稳固，甚至他们的爱情生活也更加满足。梦到离婚似乎帮助他们迈过了这个坎。

在另一项研究中，卡特赖特深入考察了离婚者梦境日记的内容，旨在查明什么原因让某些梦境较之其他梦境更具治疗效果。这一次她跟踪调查了29位女性的梦境，其中19位在分居五个月后初现抑郁症状。她发现那些处在恢复状态的受访者通常与她们梦中的前夫以一种更加积极而自信的方式互动。一个女人看到前夫在一场派对上的尴尬表现后，觉得和他分手令自己心中释然。另一个女人面对前夫及其新女友表达了厌恶之情。这些梦境都是生动而复杂的；它们汇集了不同的角色阵容并将梦者过去和将来各种不相干的线索串联起来。与此同时，其他组别——那些深陷抑郁困境的人——的梦境通常简单和没有感情色彩，梦者处在更加消极的状态。在一个典型梦境中，当一个女人的前夫另觅新欢并约会时，她就静静地在附近站着。在另一个梦境中，一个离婚女人看着前夫挑选新鞋。

梦境也可以帮助我们应对普遍的生命周期挑战，如逐渐接受死亡。哀悼的过程是棘手的和独特的，但对大多数人而言，悲痛的情感会在睡眠中继续下去；在生动而难忘的梦境中，死者回到我们身边。2014年，在一项针对纽约州北部一间临终关怀中心将近300位哀悼者的研究中，58%的人至少可以回忆起一个涉及死者的梦境。尽管梦境并不总是令人愉悦的，但它们通常提供某种程度的安慰；它们帮助哀悼者接受亲朋亡故的事实，并强化对精神的感悟和整体幸福感。梦境经常呈现死者年轻时和身体健康时的样子，享受来世的欢愉或为生者带来某个充满希望的信息。

在长久而幸福的婚姻生活中，不知从何时起，琼·迪迪翁（Joan Didion）养成了每天早上和丈夫分享自己梦境的习惯。这种做法本质上不算解梦，也不算某种经过精心酝酿的产物。这是一种压力的释放、一种情感的宣泄，帮助她过好每一天。事实上，她的丈夫约翰·邓恩（John Dunne）在这个例行活动中只是一个不情愿的参与者。"'别和我讲你的梦了，'我每天早上醒来时，他总会和我这样说，但到最后他还是会听我讲。"她后来写道。

第6章 梦境的治愈力量

一天晚上，正当和迪迪翁坐下吃晚餐时，邓恩因心脏病发作去世，终年71岁。他当时正在和她讲一本自己正在读的探讨第一次世界大战起因的新书，突然身体一倾，便不再说话。

发现和自己相伴近40载的丈夫突然离去，迪迪翁陷入深深的抑郁中。她的不幸中还掺杂了她女儿昆纳塔糟糕的健康状况。其实女儿还很年轻，但在约翰去世时，她已经因肺炎处于昏迷状态。双重悲剧降临，迪迪翁竟然没有道理地自责。不知怎的，她感觉她本来能够挽救丈夫的生命并治愈女儿的疾病。"我不仅不相信'坏运气'带走了约翰并击倒了昆纳塔，事实上还恰恰相信相反的情况：我相信我本应该可以阻止任何事情发生。"她在其所著的《奇想之年》(*The Year of Magical Thinking*)一书中写道，这本书是记录其第一年哀悼活动的回忆录。

在约翰去世后的几个月里，琼根本就没做过梦。直到她独自度过第一个夏天之后，梦境才开始回归，而梦中的主角通常就是约翰。在寡居生活最早的某个梦境中，她和约翰打算从加州飞到夏威夷，参加派拉蒙公司组织的跟团游。琼在圣莫尼卡机场登上一架飞机，但她到处都找不到约翰，于是她又下了飞机，并决定在汽车里等他——这时看到飞机正在起飞。她发现自己孤零零地站在跑道上。"我梦中的第一想法是很生气：约翰上了飞机却没带上我。"她写道。她把这种感受与自己的清醒状态联系起来。"把我扔在飞机跑道上，我感觉被抛弃了吗？我对约翰丢下我感到生气了吗？既感到生气，又感到自责，这种情况可能吗？"她后来意识到，那场梦其实是一个转折点，在此之后，她开始原谅自己臆想中的罪恶。"直到这个被丢在圣莫尼卡机场跑道上的梦境之后,我才明白在某种程度上讲,我实际上并不认为自己有责任。"

琼·迪迪翁的梦境符合丧失亲人的人群中特有的梦境模式。梦境回忆的减少——或者就像她最初遇到的那样,甚至完全不做梦——是通常紧随突然丧亲之后出现的急性抑郁症的典型特征。当她开始从丈夫离世的震惊中恢复过来时,她的梦境又回来了,并帮助她抚平痛苦。

自父亲去世后,心理学家帕特丽夏·加菲尔德(Patricia Garfield)决定去采访最近失去重要亲友的其他女性,并发现她可以把她们的梦境与服丧的不同阶段匹配起来。当哀悼者开始接受丧亲的现实时,悲痛梦的特征就会发生变化。起初,死者似乎活了过来,希望谈论他们死后的境遇。这些"复活"梦境是令人不安的,令生者对"让"那个人死去产生荒谬的罪恶感。父亲去世六周后,菲利普·罗斯(Philip Roth)梦到他的父亲回到地球,并对自己在他下葬时穿错了衣服感到很生气。"透过寿衣所能看到的只有死者脸上不快的表情。"罗斯在自己的回忆录《传承》(Patrimony)中写道。梦者可能对死者愚弄他或让他痛苦充满忿恨,或者梦境在某一瞬间可能是令人愉悦的,但一醒来却引发强烈的失落感。虽然这些梦境让哀悼者很痛苦,但也可以帮助他们明白死者确实已经离他们而去了。

接下来是加菲尔德所谓的"瓦解"阶段,死者可能重新出现并道别,或踏上某个模糊不清的旅程。在加菲尔德的一份研究报告中,一个鳏夫梦到与妻子开车去机场。当这对夫妇到达时,女人继续往前走,挥手道别并告诉他,他们以后还会重逢。男人将这个梦境解释为允许他回归正常生活,并相信这个梦境让他重新融入社会,甚至再婚。在最后阶段——哀悼者已经接受亲人离世的事实——他或许会体验到美好的梦境,在梦里死者重新变得年轻、健康,或说几句安慰的话或建议。

迪尔德丽·巴雷特认识的一个年轻女人的梦境可以证明这一周期。这个女人一直很爱自己的祖母,后来祖母死于癌症。她最早的梦境反映了一种充满罪恶感的心理。在其中一个梦境中,祖母说自己应该再闯一次生死关——也许这一次,女孩便不会把事情搞砸了。在另一个梦境中,祖母让女孩打电话报警,因为她并非死于癌症,她是被毒死的。当年轻女人开始感觉好些时,梦到自己重新变成了孩子。祖母让她洗了一个热水澡,告诉她自己很爱她,并解释正在准备上天堂。"从那时起,"这个女人说,"我平静地接受了祖母的去世。"

当悲痛的情感变得复杂时——当哀悼过程出错时,当生者因丧亲不能自拔时——梦境也会变得复杂起来。加菲尔德认为,"致命邀请"梦通常是在梦中,一位亡故亲友召唤生者到坟墓中汇合,这种梦境可能预示着自杀想法。作家达夫妮·梅尔金(Daphne Merkin)的母亲去世后,她希望自己最终可以从永无休止的争吵中解脱出来。但实际上,她们之间纠缠不清、难以释怀的关系继续出现在梅尔金的梦境中。"我母亲刚去世那几年,期待已久的解脱感并未出现;相反,她继续在我的梦里露面,其中很多梦都让人感到不安。"她在自己的回忆录《贴近幸福》(*This Close to Happy*)中写道。

梦境还能帮助我们愈合每当我们思考自己的死亡时所造成的普遍的精神创伤。睡眠和死亡之间的关系是紧密的,甚至让人感到不快。苏格拉底相信死亡本身是一种无梦睡眠的说法。按照犹太教教义，睡眠相当于死亡的六十分之一；据说在睡觉时，灵魂会暂时从肉体里分离出来，当然，永久离开就意味着死亡。在希腊神话中，死亡之神萨那托斯是睡眠之神许普诺斯的孪生兄弟。那些栖身于湮灭绝境的濒死梦通常被视为通往来世的神圣入口。安德鲁·伯斯坦（Andrew Burstein）写道，在19世纪的美国，"人们总是心怀感动地记录下病危者的梦境，因为有一半的病危者期待某种超自然拯救"。死囚牢房里的罪犯在被执行死刑前向牧师报告的最后梦境成为维多利亚时代八卦小报吸引读者眼球和再创作的信息源。

无论何种文化，在通往死亡的道路上——有时是沿着可预测的路线——梦境都会得到强化。探视梦在世界各地的不同文化中都有相关描述。凯利·巴克里和帕特丽夏·巴克里（Patricia Bulkley）在《超越死亡的梦境》（*Dreaming Beyond Death*）一书中写道："一个最近死亡的钟爱之人回来提供指导、安慰和（或）警告。"在旅行梦中，"旅行、路过、迁移、换房子和从一个地方到另一个地方……帮助垂死之人预料茫茫前路"。时常激励"他做出从恐惧绝望到平静接受甚至热烈期待的根本性转变"。

在2014年的一项研究中，在去世前的数周乃至数月内，几乎所有49位临终关怀患者至少有过一次生动的梦境或幻觉——以宗教人物或早已离世的家人为主。一个名叫奥德丽的81岁老妪说，当在梦里见到五位天使后，她知道她该走了。对88岁的巴里而言，正是母亲在一个梦里帮助他摆脱了对这个世界的眷恋。他梦到自己正在开车，不知道要去哪里，这时已过世多年的母亲安慰他，让他相信她依然爱他,而且一切都会平平安安地过去。患者描述大多数此类幻觉都是"令人欣慰的"或"特别令人欣慰的",证明它们可以消除对死亡的恐惧。

2014年,历史学家沃依切赫·奥夫恰斯基(Wojciech Owczarski)调查了100位波兰养老院老人的梦境。他的调查对象正在面对的不仅是疾病和衰老这类常见压力,也包括被抛弃的羞耻。"在波兰,和在其他大多数中东欧国家一样,待在养老院里往往遭遇被家庭孤立和拒绝的惨痛经历,"他写道,"在波兰,养老院通常被略带讽刺地称为'老家伙之家',并被理解为'等死的地方'。"这些波兰老人的梦境把他们带回青年时代,再现更快乐或更激动人心的时间记忆。"他们梦到在清醒的时候所缺乏和所不能体验到的东西。"奥夫恰斯基写道。但这些梦境并未产生怀旧或遗憾之情,而是成为深深的安慰和快乐之源。一位老妇人欣慰地发现,在梦里她可以和女儿说话,而在现实生活中女儿已经一年没来看她了。一位临终老人在梦到子女们年轻时的快乐场景时感觉与他们更亲近了些。

从很小的时候起,莫里斯·森达克(Maurice Sendak)便强烈地意识到终将死亡的事实。他的父母是来自欧洲的犹太移民,让他时刻铭记犹太人大屠杀的历史,而他的作品通常也以衰老和死亡为主题。在陪着亲属守了七天灵之后,他在梦中为自己最著名的作品《野兽出没的地方》(Where the Wild Things Are)创作了诡异的、野兽形状的人物角色。不过作品的成功根本没有平息森达克对死亡既有的恐惧感。当一名高中时的老友问他对出名有什么感受时,他忧郁地回答:"我还是会死的。"他对死亡的恐惧与对雪的恐惧一样强烈：森达克担心他的屋顶会因重压坍塌，或一场暴风雪会让他在出现紧急状况时到不了医院。虽然他在青春期养成了特定的习惯——爱吃蛋糕并格外喜欢自己的狗——但他讨厌圣诞节；作为犹太人的后裔，他无儿无女，因此总是感觉一到假日就成了被人遗忘的角落。当森达克躺在康涅狄格州的一间医院里，弥留之际，他做了一个融合了自己两个最深层次恐惧的生动梦境：他看到可爱的护士林恩躺在一个沙发上，其身后是一幅小城欢度圣诞节的巨幅油画，小城周围覆盖着皑皑白雪。他向林恩透露，这个梦境不是噩梦，而是一个美丽的、令人欣慰的梦。

有一个叫比尔的男人，他的故事出现在《超越死亡的梦境》一书中。医生告诉他，他的癌症已经扩散，而他只能再活几周时间。他陷入沮丧之中；恐惧是唯一充斥自己空虚内心的情感。一位临终关怀牧师到家里来拜访他，发现他面色苍白、萎靡不振。不过，几天后当她再次去探望他时，她"注意到比尔的心情和生命力出现了引人注目的变化"。这一次，"他的眼神变得活泼有趣"而且"他的表情很放松"。这两次会面之间仅发生了一件事，那就是比尔——一个人生大部分时间都在一条商船上当船长的人——做了一个梦。他驾船穿过一片海图上未标明的黑暗水域，感觉"古老的冒险精神"正在回归；尽管大海浩瀚无边、风雨交加，但他知道正走在正确的航道上。"而且不可思议的是，我不再害怕死亡了，"他告诉牧师，"事实上，我感觉已经做好离开的准备了，每天都是如此。"

尤其对于非宗教信徒而言，流行偶像可以承担梦中救世主的角色。20世纪90年代，民俗学者凯·特纳（Kay Turner）开始在女

第 6 章 梦境的治愈力量

性中收集涉及歌手麦当娜的梦境。她采访过的很多女人在她们包含麦当娜的梦境中寻找情感寄托，并带着一种平和感或现实生活中坚持不懈的决心醒来。29 岁的玛吉梦到麦当娜召唤她躺在一个浴缸里，一边用海绵给她擦洗身体，一边唱起《宛如祈祷者》（*Like a Prayer*），并用蓬松的毛巾把她裹起来。当她醒来后，感觉自己"接受了爱与性的洗礼，麦当娜以某种方式净化了……她与暴力前男友的过往经历"。35 岁的克丽丝住在一间精神病院里，正在努力治愈很久以前一次侵害的创伤；有一次，麦当娜进入她的梦境中并帮助她设计了一个针对性虐待的意识觉醒活动。这个梦境恰好出现在克丽丝"正在真的经历很多情感波动的时候"，她说，"这个时机让人感觉太不可思议了。"

塔夫斯大学精神病学教授欧内斯特·哈特曼（Ernest Hartmann）发现，创伤受害者的梦境往往遵循一个可以预见的和有益健康的模式。灾难发生后，幸存者不断做仿佛身临其境的噩梦，它反映了遭受折磨后的原始情绪，通常是恐惧、罪恶或死亡，如"一股巨大的海啸正在朝我袭来。""我让孩子们自己玩，但他们突然被一辆汽车碾压了。""我就在这个沉闷的巨大空间里。这里到处撒满了灰烬。"在某些案例里，这些梦境会直接再现创伤事件；而在另一些梦境中，它们保留了总体感受，但调换了一两个元素。随着时间延续，梦境开始将创伤的图像与梦者过去的记忆或曾经读过或听过的故事混合在一起。这些梦境帮助把创伤放进视角；它们提醒人们，其他人也经历过类似灾难，而且梦者还遭受了别的侮辱和伤害。你可以将这一切吸收进已经建立起来的心理架构中，大脑自言自语地说："它还不太坏。"一旦受害者恢复过来，他的梦境便会回到正常

WHY WE DREAM

梦的力量：梦境中的认知洞察与心理治愈力

状态。2001年9月11日,一位纽约人从地铁站走出来,抬头看见写字楼的白领们从双子塔上往下跳。这一幕在自己的梦魇中萦绕了好几周。当她的创伤开始愈合的时候,梦境的内容也发生了改变。在一组梦境中,她给受害者递过去五颜六色的阳伞以减缓他们落地的速度。在创伤后应激障碍（PTSD）中,这一方法失灵；梦境不会发展,而是像受害者的意识那样滞留在过去。梦境以一种极度痛苦的、不变的循环方式再现创伤事件,并不加入其他记忆或给予梦者掌握控制权的机会。

在所在地区连续遭受两次自然灾害的重创后,加州大学伯克利分校的心理学家艾伦·西格尔（Alan Siegel）对创伤后噩梦产生了兴趣,并意识到这是一个研究机会。1989年,洛马普列塔地震造成63人死亡,将近4000人受伤。仅仅两年后,一场大规模山火席卷奥克兰山区,死亡25人,并烧毁数千栋房屋。就在第二次灾害后不久,西格尔招募了42名加州人,其中28人在火灾中失去家园,另外14人则没有,他要求他们开始跟踪自己的梦境。

当西格尔在实验结束并收集了他们的梦境日记后,发现这些北加州人的梦境比对照组的梦境更贴近死亡、受伤和灾害的主题。令其感到惊讶的是,那些自家房屋经受住山火考验的人看上去比那些住房已被损毁的人受到的打击更大；前一组中有17%的人的梦境中涉及了死亡,与之相比,后一组中有11%的人,而对照组中仅有5%。西格尔猜测他们的创伤被幸存者的罪恶感搞得复杂化了。就像离婚者的早期决裂梦可以预测几个月后他们的精神状态一样,这些幸存者最初的火灾后梦境也可以暗示一年后他们过得怎么样。如果有人梦到火灾（或海啸、洪灾、病虫侵害等其他自然灾害）并表现出一定的控制力而非被动地观察它，那么他便很容易恢复过来。

在另一项研究中，加拿大心理学家凯瑟琳·贝利奇（Kathryn Belicki）收集了28名女性的报告，其中一半的人遭受过性虐待，她们在报告中描述了自己的噩梦。独立法官在阅读这些报告时，通常可以判断出特定的梦境是否来自某个遭受虐待的人。那些梦境是很有特色的：它们具有频繁出现暴力、性交场景以及危险人物和无脸男人等特征。噩梦的频率是我们在梦境中处置创伤的另一个迹象。在一项针对500多名女大学生的独立研究中，贝利奇和一位同事发现，那些曾经遭受侵害的女大学生所做噩梦的次数几乎是对照组的两倍。

除了创伤后应激障碍案例之外，梦境几乎从未精确再现真实记忆——但它们主要还是源自我们清醒的现实生活，将各种个人经历编织成一张复杂的、贯穿过去与现在的大网。一个多世纪以前，弗洛伊德写到，睡梦中的大脑搅动的是白天的"遗思"，而现代实证研究则显示，一半的梦境至少包括近期经历的一个元素。它们反映了持续进行中的活动以及重要的一次性活动。交战地区的儿童比和平地区的儿童做的暴力梦要多。体育专业的学生比心理专业的学生做的运动梦要多。当我们的环境发生改变时，我们的梦境也会发生改变。在20世纪60年代末至70年代——在讨厌的种族指导方针令这类研究项目变得不再可行之前——精神病学专家霍华德·罗夫瓦尔格（Howard Roffwarg）让大学生在七天时间里戴上过滤掉绿色和蓝色波长的特殊眼镜，让任何事物看上去都稍稍带有一些红色。不

WHY WE DREAM
梦的力量：梦境中的认知洞察与心理治愈力

管物体的自然颜色是白色、灰色还是深红色，它们都呈现一种粉红色调。其影响通常是令人不安的。一位一直喜欢吃汉堡的学生因透过眼镜看到粉红色的番茄酱而心生厌恶，遂考虑完全放弃肉类。

随着实验的继续，学生们适应了新的浅红色环境，他们的梦境开始发生变化。起初，这种红色调充斥在他们最早的大约半数梦境中；在随后的快速眼动睡眠阶段，色谱回归正常。不过在一周结束的时候，他们整晚的梦境都弥漫着红色调；大约80%的初始梦境是非正常的玫瑰色，而到了早上，几乎有一半的梦境依然是红色的。罗夫瓦尔格的研究显示，至少梦境的一个关键方面——视觉感知——受制于近期的经历，而且随着我们在日常生活中逐渐适应它们，我们在自己的梦境中还会出现现象学意义上的转变。

不可能精确预测哪些经历会最终进入我们的梦境中。当我问罗伯特·斯蒂克戈尔德何种类型的记忆更有可能融入梦境时，他列举了三个因素："我猜它应该与情感强度有关，与重复性有关，以及与近因有关。"不过即使像斯蒂克戈尔德这样几十年来始终处在梦境研究最前沿的研究人员，对于这个问题，也只能是猜测。不论是哲学家、心理学家，还是神经科学家，都无法解释一幅特定的图像为什么会在某个特定的晚上打动我们；或没有人能准确预测某位久未谋面的朋友或者故去的亲友哪个晚上会再次出现在我们的梦境中。

但科学家们还是提供了在其中发挥作用的情感和时序因素的少量线索。在20世纪80年代末，加拿大神经科学家托雷·尼尔森（Tore Nielsen）发现了一个被其称之为"梦滞效应"（dream-lag effect）的现象。如果白天发生的某个事件将会在睡梦中出现，那么它通常会出现在当天晚上——有可能是文字回放或抽象表征，也有可能是单一元素场景或角色。到了第二天晚上，该事件出现在一个梦境中的可能性便会下降一半。如果一个事件没有出现在当晚的梦境中，它有可能在一周后出现。

在一项研究中，尼尔森让志愿者观看一段半小时的血腥视频：印度尼西亚村民举行一项杀死并献祭水牛的仪式。参与者每天晚上跟踪他们的梦境，影片中的事件几乎同时出现在他们的大多数梦境记录中：先出现在一到三个晚上之后，然后在第六七个晚上再次出现。这种模式或许对我们有所帮助；紧张噩梦与普通梦境有可能交替出现，从而让我们在不抛弃正常睡眠周期的情况下处理一个事件。

梦境不仅可以帮助我们从既成事实的创伤中恢复过来，还可以作为困难时期的一种减压手段。在美国南北战争期间，孤独的士兵们梦到他们的家人并怀着一种得到恢复的、生存下去的愿望醒来。"在南北战争时期的美国人当中充斥着对梦境、招魂术和其他宗教体验的迷恋——如果不是痴迷的话。"历史学家乔纳森·怀特（Jonathan White）写道，他四处搜罗士兵们涉及梦境的信件。"战场上的人们梦到最多的是他们所挚爱的家人……大多数士兵将浪漫的梦境视为温馨的安慰。"

奥地利精神病学专家维克托·弗兰克尔（Viktor Frankl）被关在纳粹集中营长达三年时间，他记录下了他和其他狱友——每天靠定量供应的十盎司面包和几杯汤水维持生活——如何梦到"蛋糕、香烟和美美的热水澡"。2015 年，奥夫恰斯基查阅了奥斯威辛博物馆的大量档案，寻找心理学家有关幸存者战时梦境的报告。通过阅读相关文字记录，他注意到那些梦境常常具有治疗功能，可以提振囚犯的情绪、注入希望，或支撑他们的信念。最常见的主题是奥夫恰斯基后来所谓的"关怀梦"；在这类梦境中，"梦者体验到来自他的亲友或其他人物（通常是那种超自然的人物）的关心或支持，"以此作为他在奥斯威辛集中营生存下来的一种保证。一位囚犯梦到一位身穿白袍的神明下凡，还带来一条充满希望的消息："不要担心，你会在这地狱里活下来的。"尽管梦者对上帝是否存在表示怀疑，但他把这一幻象当作护身符。"这个梦……强有力地出现在我的无意识状态下，出现在集中营中的艰难时刻，我'紧紧抓住'它，并作为我唯一的救命稻草。"另一名狱友在染上斑疹伤寒时，回想起一场梦境，在梦中，他在违背自己意愿的情况下，被拖进一条汹涌的河里。他正处在淹死的边缘，这时死去的哥哥走过来，递过来一条大鱼，并保证他会活下去。其他梦境则把这些囚犯带回家，让他们离开现实世界的地狱并获得片刻的喘息，也让他们联想到现实生活中也有小小的乐趣。"在一段特定的时间里，有时也就几天，这些'自由梦'让我们不会那么强烈地感受到集中营梦魇般的生活。"一名幸存者证实。

当囚犯们获得自由后，他们梦中的角色也在发生变化。罗马尼亚心理学家伊万娜·科斯曼（Ioana Cosman）走访了 22 位纳粹大屠杀的幸存者，并发现他们的梦中生活在战争期间和战后形成鲜明的对照。虽然他们身陷囹圄，但他们的梦境"呈现……明亮而欢快的场景"。只是在被释放以后——即便精神上没有得到解脱，但肉体上自由了——他们的梦境采取"一种阴暗而恐怖的形式"，再现了战争或用已遇害家人的幻象来折磨他们的阴森场景。不过他们的梦境是

第 6 章　梦境的治愈力量

具有适应性的,能够与他们的自卫本能联合起来——在他们准备好面对最糟糕的记忆之前,尽量推迟梦魇降临的时间。

一个新的、引人注目的研究方向显示,我们在做梦的时候,是有可能篡改记忆的——这项发现可能隐含着创伤后应激障碍的治疗思路。2015 年,一个由法国神经科学家加埃唐·德拉维利昂(Gaetan de Lavilléon)领导的团队雄心勃勃地实施一个实验计划,即当一只小鼠睡着的时候,通过选择性地刺激其神经元,植入某种人工记忆,以便观察能否篡改小鼠穿过一个场地的路径。他们首先将小鼠放进一处空旷的环境中,然后观察它们的位置细胞在它们进入场地内的不同地点时是如何激活的。正如德拉维利昂所预料的那样,小鼠在场地中随意跑动,显示对任何特定区域并无偏爱。当它们入睡后,位置细胞会在类似的模式下激活,因为睡眠中的大脑再现了它们白天的经历。

在特定的位置细胞被激活后,德拉维利昂会刺激这只睡鼠的内侧前脑束——与奖励(如性行为和毒品)有关的神经通路。当小鼠醒来并再次被放进这片开阔场地时,它们的活动似乎不那么随机了。当它们的奖励中心受到刺激时,它们好像受到某种无形力量的牵引,被吸引到与位置细胞被激活有关联的地点。尽管小鼠无法通过理性推理去选择那些地点而不是其他地点,但它们在那里徘徊的时间比在其他地点长四五倍。"这只动物为这个地点形成了一个目标导向型策略,仿佛有一个有意识的记忆在提醒它,那里有一个奖励。"参与实施该研究的卡里姆·邦辰那因(Karim Benchenane)告诉《新科学家》杂志的记者。这项研究"非常强烈地暗示,如果你把睡眠与适当的奖励配合起来的话，实际上在睡眠期间是有可能获取新知识的，"神经科学家马特·威尔逊说，"它们基本上可以让动物不必基于任何已有经验而只需通过在睡眠期间强化一个特殊地点的记忆，进而喜欢上那里。"这项实验依然处于初始阶段，但潜在应用却颇为诱人；这是科学家第一次在一个睡眠中的生物体上成功植入一个有意识的记忆，它为创伤治疗开辟了一片新天地。

如果创伤记忆的梦境与令人愉悦的奖励配对成功，那些记忆便可以被修改，并失去令人痛苦的压迫感。"原则上讲，你可以选择性地改变睡眠期间的大脑进程，以便模糊记忆或改变记忆的情感内容。"邦辰那因说。

尽管有关悲痛或焦虑的梦境可能是痛苦的，但我们应当包容它们，知道它们有助于我们愈合伤痛。如果我们希望制造出最具治疗潜力的梦境，必须磨砺我们的梦境回忆；我们能够记住的梦境越完整，从中提取出来的关键信息就越多。当我们花一定时间剖析梦境的含义时，我们最终所要面对的还是它们所涉及的关键问题：加快我们的情感恢复。如果我们跟踪它们，一段时间之后我们便可以从正在康复的迹象中（如当一种模式改变时或当我们开始着力维护自己时）看到希望。心理学家帕特丽夏·加菲尔德建议："观察代表保护能力提高和控制力增强的梦境的意象，用你的思想和情感斟酌一下，吸收其治愈创伤的力量。"

梦境在调整我们的情绪、帮助我们处理痛苦经历和形成甚至修改记忆方面发挥关键作用。但就像那些最强大的力量一样，它们也有破坏性的一面。

CHAPTER 第7章 | 摆脱梦魇的困扰

上班迟到了。我溜进办公室,眼睛往下瞅,就好像如果我不抬头,同事们就看不到我一样——这种神奇的推理在玩捉迷藏的学步儿童中更常见。销售团队已经站在那里,等着开热情洋溢的每日站立会议。我侧身走到我的座位前,连看也不看便打开电脑电源。

今天早上,我勉强拖着滞重的身体离开家门。我醒来时,一个噩梦的记忆还充斥在我的脑海里。昨天晚上——或者更为准确地说,在今天早上最后的快速眼动睡眠阶段——我得知自己有一个六个月的宝宝,但怎么怀上的甚至怎么生的他,统统回忆不起来了。忐忑不安的我试图搞清楚,在没有妈妈照看的情况下,宝宝这几个月是怎么活过来的;他看上去骨瘦如柴、孱弱不堪,与其说他像一个正常的婴儿,倒不如说更像一个干瘪的小老头儿——活像本杰明·巴顿[①]。我的编辑出现在场景中,怀里抱着她那面色红润、健健康康的宝宝。她托着宝贝儿子在自己的膝头蹦跳;小家伙兴奋地又叫又笑。在揣摩了要领后,我也尝试着这样做,但动作很狼狈,而我

---

① 本杰明·巴顿是斯科特·菲兹杰拉德所著《本杰明的奇幻旅程》中的人物。——译者注

WHY WE DREAM
梦的力量：梦境中的认知洞察与心理治愈力

那干瘪的、灰不溜秋的宝宝，被裹在脏兮兮的毯子里，知道我在骗他。他冲着我咆哮、翻白眼，我也知道宝宝永远不会原谅我，也不会从我的疏忽中恢复成正常孩子。整个早上我陷入一种迟钝的、窘迫的意识中，令人痛苦的罪恶感像一团烟雾包裹着我。我从床头柜里拿出笔记本，忠实地记录下这个梦境。当我乘上通往曼哈顿的火车时，这个被遗弃儿童的意象切入惯常的地铁场景中——疑似出版圈子的、戴眼镜的乘客正在研读本周的《纽约客》，一对才华横溢的、年轻的街头艺人正在车厢中部跳舞。

我本打算在博客上发一个帖子，聊一聊《胡桃夹子》的种族政治学——明天就该上传的——但每次从电脑前抬起头，看到我的编辑，我就迷迷糊糊地感觉很受伤。她看上去休息得很好，着装一如既往地得体，化着精致的妆容，仿佛刚刚从某本高端杂志插页里走出来；她眯着眼看着自己的电脑屏幕，正在专注地工作。一想到她还不知道自己的心肝宝贝出现在我的噩梦里，我都感到匪夷所思。我很少感觉与现实世界如此严重地脱节，我们对彼此的内心世界知之甚少，我真有些六神无主。

我将电脑屏幕向下倾斜了一点，并偷偷地——我不希望搞得满城风雨——带着我的焦虑在互联网这一最大知识库查阅有关各种焦虑的知识。梦到宝宝、梦到怀孕意味着什么；我用谷歌搜索了所能想到的每种情形。我对答案太失望了，我甚至都不关心老板可能过问我的搜索历史了。可想而知，这些搜索结果都没用。一个名为"好梦"的网站告诉我，这个宝宝可能象征着内在小孩或生活中的一个新项目。我绞尽脑汁——难道我的某个新项目有跑偏的危险吗？"梦心情"网站则提醒，梦到宝宝"意味着天真、温馨和新的开始"。互联网这条路似乎行不通了。我打开我的电子邮箱，没有与表演中国茶造型舞蹈的舞者探讨他对文化挪用的看法，而是与我最要好的朋友在网上聊我的梦境。"我还没有恢复过来，"我告诉她，"今天上午我差不多做了一次妊娠试验。其实我还来月经呢。"中午的时候，我依然在受这次记忆的困扰；我在网上和这次梦中担当父亲角色的那个男人聊天。"他绝对是你的宝宝。"我通知他。我几乎可以听到顺着我的指尖流露出来的怨气。"这是一个恶魔宝贝。"

"早上好！"当我终于抬起头，停顿的时间足够打一个正式的招呼了，我的编辑才开口问道。事实上我已经筋疲力尽了，我感觉好像根本就没睡觉，好像是在地狱里过的夜，生了一个怪物，而不是在休息。也没准备什么提纲来讨论这个问题。我感觉状态很不好，我猜我的自我判断是可靠的，我这是做了一个梦。我可不敢推测这件事会很顺利地结束。

适度的坏梦是我们适应现实生活的有益健康的准备，但并非所有坏梦都具有治疗效果；噩梦便是鲜明的例外。从噩梦中醒来会让人们失去判断力并产生恐慌，便再也睡不着了；对噩梦的恐惧甚至会阻止人们上床睡觉，从而导致失眠的恶性循环。然而对数百万人来讲，噩梦是残酷的现实。年龄两岁的孩子就开始做噩梦，而且在整个幼年期，通常会变得越来越频繁，并在大约10岁时达到高峰。大多数成年人时不时地遭受噩梦的袭扰，一项研究显示，每五个成年人中就有四个人至少可以回忆起上一年的一场噩梦。最常见的噩梦情境是追赶（梦者拼命摆脱某个不怀好意的陌生人、现实生活中的对手或超自然怪兽），之后是攻击（梦者成为某次暴力袭击的牺牲品）。《精神障碍诊断与统计手册》（*Diagnostic and Statistical Manual of Mental Disorders*）估计约 6% 的成年人每个月至少做一次噩梦，1% 到 2% 的人"频繁做噩梦"，而在女性当中这一比例还要翻倍。男孩和女孩做噩梦的比例类似，在 13 岁至 16 岁之间，性别差异开始出现，在这段时间里，女人在类似焦虑和抑郁这样的障碍方面的比例反超男人。一场坏梦可能为一整天定下基调，决定了梦者的情绪，也让他对同事和朋友的认识丰富起来。

或许不太公平的是，我们在醒来之后还会生噩梦中反派角色的气。2013 年，马里兰大学心理学家狄伦·泽尔特曼（Dylan Selterman）设计了一项旨在考察梦境对浪漫婚姻关系影响的实验。在为期两周的时间里，他的被试——61 位保持长期夫妻关系的人——记录下他们的梦境并回答面对伴侣的情感之类的问题。梦中伴侣的轻蔑和背叛会影响实际的婚姻关系：如果一个女人梦到丈夫在欺骗她，第二天便不太可能报告对亲昵行为的感受，而且这对夫妻更有可能吵上一架。

"梦中妄想"可能太过强烈，以至于梦者都很好奇为什么它们那么真实。艾琳·瓦姆斯利的一个已婚昏睡症患者曾经梦到搞了一次婚外情，并为此感到内疚，"直到她巧遇那位'梦中情人'并意识到他们已经好多年未见了，而且从未发生过亲密关系。"瓦姆斯利遇到的另一个女患者开始安排一个家人的葬礼，之后才意识到这位亲属在她的梦里曾经死过一次。对于那些已经在睡眠和现实世界的交界处挣扎的人来讲，梦境－现实的困惑可能是一个严重问题。

第 7 章 摆脱梦魇的困扰

"他们带着这些生动的记忆醒来,无法区分实际发生了什么。"罗伯特·斯蒂克戈尔德说。他告诉我一个在澳大利亚的英国人患有昏睡症。老板在电话里说他被解雇了。工作没了,他在那里也混不下去了,这个人便想该回国定居。"他正在打包,这时一个同事打电话过来,说刚刚办好手续,因为不用整周工作了。"他只是在梦里被炒了鱿鱼。

作家朱莉·弗吕加勒(Julie Flygare)上大学时染上了在尴尬场合打瞌睡的毛病,作为一个雄心勃勃的常春藤名校的学生,她第一次惊恐地意识到自己在课堂上还能睡着;她跑到盥洗室里,往脸上撩凉水,但问题依旧。这种事太让人难堪了,她不愿意告诉自己的教授,她的学习成绩也受到影响。在感恩节期间,她赶了几个小时的路回家探亲,但她多半个假期都是在沙发上睡觉。有一次,当她开车时甚至恍惚间把眼睛都闭上了。等最终诊断结果嗜睡症出来时,她反而感到轻松了。

无法控制的疲劳感不定时发作已经够糟糕的了,但让朱莉真正担心的是她的梦境——梦境是那么生动,以至于她开始搞不清什么是真的了。当她回首大学刚毕业那几年,栩栩如生的噩梦简直成了20几岁这段人生经历的速记本。住在华盛顿特区时,她抓起一罐胡椒喷雾剂就冲到外面对付一个夜贼——醒来后才发现那人只是自己梦中的人物。在洛杉矶时,一天晚上她的男友在公寓里又跺脚、又打嗝儿,还大声叫,把她快逼疯了,可实际上当晚男友根本没在家。在波士顿时,她梦到一个陌生人敲碎玻璃闯进来,想杀她。"我记得看到他的胳膊朝我的脖子伸过来,"她说,"我记得我在恐惧中瑟瑟发抖。我拼命挣扎。可等我抬起头时，那人已经走了。"她鼓起勇气，从床上下来，跟踪闯入者。直到发现窗户完好无损，室友还在睡梦中，她意识到整场戏都是她在梦中杜撰出来的。"感觉就像真事一样，"她说，"我不说'我做了个梦'。我说'一个夜贼破窗而入'，因为那是我的经历。"

从被确诊病症到现在已经有 10 年了，朱莉也明白了不要相信自己的记忆。她告诫自己，在就寝时间她认为发生的任何事情可能都不是真的。但即使过去了这么多年，梦境所带来的情感压力却从未消退。她有时哭着就醒了，感到很困惑。"只要我一清醒过来，"她说，"我就应该知道那不是真的，但是它们之间的过渡界限也太模糊了。"

在严重的案例中，梦境 – 现实的困惑甚至会触发躁郁症。土耳其睡眠研究人员穆罕默德·阿加尔干（Mehmet Agargun）收集了躁郁症患者的研究报告，这类人的狂躁情境是由噩梦引发的。一名 18 岁的高中生——阿加尔干叫他"A 先生"——一天早上醒来后，把自己的梦境告诉了父亲：大地在颤抖，人们纷纷跑出房子，跌倒在地，哭喊声响成一片。A 先生通知自己的家人，说世界末日就要到了，警告他们等待死亡的降临。他随后被送进了医院。

虽然梦到应激事件可以帮助我们处置它们，但再现创伤事件却会产生反作用。20 世纪 70 年代，心理学家约瑟夫·德科宁克设计了一项实验，旨在考察包含沮丧经历的梦境如何影响学生们的应对能力。就在临睡觉前，他让一组大学生观看了一则过去的、血腥的工作场所安全公益广告。两名工厂工人被机器割断了手指（镜头停

第 7 章 摆脱梦魇的困扰

留在他们血淋淋的残肢上),另一名工人在工友不慎将一块板子插进他的胸口后倒地死亡。当一组学生进入快速眼动睡眠后,德科宁克播放了一段特殊处理的干扰音频。在音频中,最后一个致命事故中的那个过失伤人者沉重地说着话,背景中还有电锯拉动的声音:"我当时就知道,我——拉克奇·威廉姆斯(Lucky Williams),杀了人,没错,就好像我用自己的双手干的,但它根本就没有发生。"与此同时,另一组大学生在一个安静的房间里睡觉。

正如德科宁克所预料的那样,那些在睡觉时收听到音频的学生大多将广告片融入了他们的梦境。当每个人第二次观看这个广告片时,那些听到音频并梦到影片的学生甚至更加紧张。这些梦境并未化解压力反而予以强化——就像噩梦可以恶化严重创伤的心理影响一样。

对于那些患有创伤后应激障碍的人而言,将生动回放与受害者希望忘却的特定事件合二为一的梦魇可能造成严重后果。"如果说白天是弗洛伊德口中的恶魔偶尔光顾的围猎场,那么梦魇则是它们的巢穴——它们完全掌控了这个充斥着神秘与变形的黑暗世界,"创伤后应激障碍患者戴维·莫里斯(David Morris)在《邪恶时间》(*The Evil Hours*)一书中写道,"恶魔的夜晚及其重要产物——梦魇——始终是幸存者的特殊地狱。"对普通人而言,梦魇与自残有关联。频繁做噩梦的青少年的自杀倾向比同龄人高出将近两倍。在一项针对 36 000 名芬兰成年人的追踪研究中,那些频繁做噩梦的人的自杀率比偶尔遭遇梦魇的人高出 105%。

美洲印第安人的分支祖尼人认为,大多数疾病都是坏梦的副产品。墨西哥西北部的拉拉穆里人相信邪恶的致病幽灵就藏身于梦境中。我们现在知道，噩梦所带来的压力真的可以归咎于疾病。"就像当你在清醒状态遇到现实生活中的危险时，你的交感神经系统会做出反应一样，如果你的梦境中存在危险，该系统也会启动。"精神病学专家简·金姆（Jean Kim）解释道。

在哮喘或偏头痛患者中，应激反应可以触发症状的大爆发。1996 年，心理学家盖尔·希瑟 – 格林纳（Gail Heather-Greener）要求 37 名偏头痛患者——经常遭受偏头痛困扰的人——跟踪自己的梦境，最终他们记录下了五个凌晨偏头痛发生前的和五个其他时刻的梦境。出现头痛之前梦境的主要特征为存在较高比例的生气、暴力和恐惧情绪，而且更有可能将梦者置于失控的情境下。偏头痛的原因并未完全明了，但心理学和身体因素都在起作用；压力——以及作为结果的 5- 羟色胺水平的下降——可能是一个强有力的因素。偏头痛患者的噩梦或许可以激发应激反应，或者他们的梦境本来就有可能是紧张状况在其现实生活中的反映。但不管它们是症状还是原因，梦境似乎都与触发偏头痛脱不了干系。

从高中毕业考试一直到现在，我的朋友凯蒂遭受偏头痛的困扰已经有八年时间。"当我第一次有这种毛病时，我想我要疯了，"她说，"我感觉好像有泡沫塑料包裹住了我的大脑和我的意识。"她在控制病情方面取得了一定进展，但它们还会时不时地干扰她的生活。她不再喝咖啡，并被告知不得饮酒。"犯起病来时，我不能移动，只能躺在一间黑屋子里，并将一个枕头盖在头上，"她说，"有时，我的大脑突然就一片空白，感觉就像烧断了保险丝。"在偏头痛发作前,凯蒂经常做强烈的噩梦。"对我来说绝对是存在联系的。最糟糕的一次可能是我哥哥死了,即便如此,我一直试图和他说话。我还做过一个因谋杀罪受审的梦,另一个类似的梦是我在机场涉嫌走私毒品。我醒来后,心里非常紧张,头晕沉沉的,这是我的偏头痛犯了的信号。"我认识的另一位偏头痛患者坚持记日记,以便监控潜在的触发条件——包括花粉数、她的食物摄取量,以及她的梦境等。"噩梦经常与偏头痛发作手拉手地出现,"她说,"我被困在一座高塔里或煤仓里,或发生了我的家人无法逃脱的环境灾难——一场火灾、洪水或飓风。"

肉体疼痛通常出现在不足 1% 的梦境中,但这一数字在病人群体中较高。当蒙特利尔的医生要求烧伤者记录下他们住院后第一周的梦境时,39% 的人报告称至少做过一次疼痛梦。一个人梦到"我身体里着火了"。另一个人梦到伪装成保龄球的手雷从天花板上掉下来。这些梦境可能干扰恢复进程;报告做过疼痛梦的患者睡觉时通常断断续续地,当他们想到自己的伤痛时,会感受到更大压力,并在治疗期间经受更加剧烈的疼痛。疼痛梦本来可以反映患者白天的状态,但医生认为,这类梦境与妨碍治疗过程的"疼痛-焦虑-失眠循环"不无关系。

在西方医学文献中甚至可以查阅到类似下面这样的案例:表面健康的人从生动的噩梦中醒来后的几个小时内突发心脏病。一个年近 40 岁的人——非吸烟者、无心脏病家族史——梦到自己死于一场车祸,醒来后出现呕吐;两个小时后,他躺在医院里描述自己胸口处受到难以忍受的压力。一名 23 岁的年轻人早上六点从一场噩梦中

WHY WE DREAM
梦的力量：梦境中的认知洞察与心理治愈力

醒来，在梦里他和父亲一起被谋杀了，七点钟他心脏病发作。对心血管疾病患者而言，凌晨和睡醒前的几个小时是快速眼动睡眠周期最长和噩梦最频繁的时段，也是最危险的时段；在早上六点和中午之间，心脏病发作最频繁、最严重。

20世纪80年代，生活在美国中西部地区、表面健康的年轻人开始出现在睡梦中死亡的事件，一起接一起，这令医生和流行病学家感到很困惑。他们在每天凌晨的几个小时里，仰面躺在床上死去，眼中出现惊恐表情——总共有117例。医生检查了他们的饮食、他们的心脏功能和他们的精神病史，但全无头绪。"我们对每个病例都做了尸体解剖，但我们得到的结果就是个大零蛋。"一位困惑的验尸官告诉《纽约时报》记者。这些男人非同寻常的背景提供了唯一的线索。他们都来自一个封闭的山区部落，是近年来从老挝移民美国的苗族（Hmong），大多定居在明尼阿波利斯－圣保罗和加州一带；他们在美国生活的时间平均都在一年半以下。

在老挝时，他们曾帮助美国人对抗北越政权，战斗很残酷。1975年，老挝输掉战争后，几乎有四分之一的老挝苗族人口被消灭。幸存的苗族人四散逃离，数万人到他们的前同盟国寻求避难。美国不太情愿地接纳了他们。正如一位重新安置官员所言，移民官员把他们送到了不同的城市，"将他们"分散到"整个国家，就像抹一层薄薄的黄油，所以他们将消失不见"。

苗族移民逃离了一个事实上的战争区域，但在外国文化氛围下开启新的生活无疑是他们所要面临的挑战。他们努力学习英语并寻找稳定的工作；他们的失业率高达90%。他们无法维持长期的代际

第 7 章 摆脱梦魇的困扰

层次结构和性别角色。父母放下身段,让子女把他们的话翻译成英语,而男人们只能接受无论他们的妻子通过何种途径挣来的钱,除此之外也没有别的选择。沮丧情绪蔓延,自杀成了一个问题——放在老挝是不可想象的事。"我希望就死在这里算了,所以不想考虑什么未来的事。"一个中年苗族人告诉记者。这名苗族人曾经当过兵,目前在圣迭戈靠领救济过活。

加州大学旧金山分校人类学家谢利·阿德勒(Shelley Adler)花了15年的时间研究美国苗族人生活地区并走访生活在这里并度过危机的苗族人。2011年,她发表了自己的调查结果:这种致命传染病的病因正是"噩梦"——或至少受害者的信念就在于此。由于丧失了一直依赖的生存之道和紧密型社区,他们变得如此害怕邪恶的梦魇幽灵——被称为"代波萨各"(Dab tsog)——以至于他们的心脏在睡梦中停止跳动。没有人可以充分解释杀死这些男人的身体机制,但阿德勒认为这一悲剧是压力、生物学和绝对恐惧等因素综合作用的结果。

在苗族人的神学思想中,据说代波萨各会把正在睡觉的苗族人锁定为它的牺牲品。当它出现在女人的梦境中时,会造成不孕不育或流产;而当它瞄准男人时,它就是死神。它的第一次打击很少是致命的;它的猎物有时间通过求助巫师或准备供奉来满足它。只有到了第三次打击时,代波萨各的目标才变成消灭牺牲品。它对那些已经忽视了祖先崇拜诉求的人特别恶毒,因为美国城市与神圣的老挝高山和先祖坟墓相距甚远,所以在这里无法举行复杂的仪式。大约一半试图在新国家信奉他们民族宗教的苗族移民都受到了代波萨各的光顾，不过这个情境在那些皈依基督教的苗族人当中更为常见——或许是其愧疚感的结果。

甚至那些在代波萨各的一次打击中幸存下来的男人也有可能留下心理创伤。受害者描述了他们的胸口蒙受一次重压后的感受和身体无法动弹的可怕感觉。当他们全身抽搐、脸色发青时，他们的妻子只能无助且绝望地看着。58岁的的幸存者赤洛向阿德勒介绍了自己遭遇代波萨各的惨痛经历："晚上，我躺在床上。房子那边有人，我能听到他们说话……什么都能听到。但我知道，那边还有一个人。突然，出现了一个巨大的身体——就像他们这里卖的那种大号毛绒玩具。它朝我压过来——压在我身上——我必须闯出一条生路，离开这里。我动弹不得——根本不能说话，甚至都不能叫喊。'不！'……我使出浑身解数，想挣脱出来，真是太、太、太可怕了。"

阿德勒并不否认生物学在这些男人死亡问题上所起的作用；其中一些住院男人的心电图显示，他们有心律失常的倾向，但心理压力可能是心脏病发作的重大因素。这些男人的日常生活已经算一种煎熬了，而致命的代波萨各情境还经常在后面制造一些特别的紧张状况，如与家人争吵或听到坏消息。睡眠方面的欠账可能也加重了心脏病的发作；这些受害者生前常常很晚才睡觉，要么看电视，要么颇具讽刺意味地为了避开代波萨各便尽量不睡觉。当这些男人最终不可避免地变得神志不清时，他们的大脑会通过把他们直接送到紧张的快速眼动睡眠阶段——适合产生生动梦魇的丰饶之地——来补偿他们所耗费的精力。

第 7 章 摆脱梦魇的困扰

目前,并没有有效的安全保护方式来制服梦魇。一种名为哌唑嗪的药物有时被用于帮助创伤后应激障碍患者入睡。这种药物的机理是通过阻断去甲肾上腺素的影响而起效,而后者是一种可能导致噩梦的肾上腺素类化学物质。但这种药物不太可靠,患者要忍受恶心和头疼之类的副作用,甚至有些副作用会给呼吸带来麻烦或服药后第一时间就会陷入昏厥。源自认知行为技术实践的意象回忆疗法(IRT)可能有一定效果,但它耗时过长;患者每天必须至少抽出 10 分钟的时间再现他们的噩梦并将新的结局视觉化。由于这个过程非常令人不快,所以很少有人能坚持下来。尤其对于创伤后应激障碍患者而言,重复创伤噩梦可能弊大于利。

五月一个周一的早上,天空下着雨,我决定亲身体验一下梦魇治疗领域的最新科技。我乘火车来到波士顿。帕特里克·麦克纳马拉(Patrick McNamara)正在开展一项研究,他希望有朝一日可以治愈坏梦。在肯莫尔广场意识与文化中心(Center for Mind and Culture)一个铺着地毯的狭小房间里,我戴上一副黑色头戴式装备,将脸的上半部完全遮盖起来,然后探身进入房间。在一次基于意象回忆疗法的治疗过程中,和麦克纳马拉初步研究阶段的其他被试一样,我要练习操纵令人恐惧的意象。不过与传统意象回忆疗法不同的是,我不必亲自召唤意象;这副 Oculus Rift 虚拟现实耳机可以帮我做。

多年以来,科学家们一直尝试把虚拟现实当作一种治疗恐惧症和创伤后应激障碍的工具。一个恐惧飞行的人或许可以坐在一把像飞机在乱流中出现颤动的椅子上,观看模拟空中视野的屏幕。一名试图消除对在公共场合说话感到恐惧的患者，或许可以走上一个计算机模拟出来的舞台并面对一群虚拟观众。"这种疗法的基本原理是，通过在一个安全环境中直面创伤和在临床科室的安全保障下谈论并重塑它，进而最终消除焦虑感。"正在研究虚拟现实临床应用的精神病学专家斯基普·里佐（Skip Rizzo）说，"创伤后应激障碍通常会变成慢性病，个中原因是人们试图避免触及这个创伤。当你避开了令你感到害怕的一件事时，你暂时会有如释重负的感觉，而这种安慰会强化继续躲避的意愿。我们则试图通过帮助患者在一个安全的环境中回到创伤场景并重新体验它来绕开躲避的做法。"

在麦克纳马拉的研究中，选择图像是为了唤起与梦魇相同的心理反应。每一幅图像都高度契合三个情感维度中的一个：愉悦度、唤醒度或支配度。"如果它的愉悦度是高度消极的，那么它对于准备体验的观看者来说就是令人极为讨厌的。"帮助开展这项研究的研究助理肯德拉·摩尔（Kendra Moore）解释道，"如果它的唤醒度分值很高，那么它对于观看者来说就是非常激动人心的。而如果它具有高支配度，那么它将会支配观看者。"患者将使用手动控制器操纵意象并让它们减少威胁、缩小吓人的部分或在它们上面涂色和编造故事来解释这种转变。麦克纳马拉期望患者花在操纵意象上的时间与梦魇的减少和视觉意象控制测试结果的改善形成对应关系。在这项测试中，被试被要求进入一个场景——在一个案例中，一辆汽车停在一条车道上——然后想象各种变化：看到这辆车有不同的颜色；看到这辆车沿道路开走了；看到这辆车撞进了一所房子。那些努力练习这类脑力杂技的人还要努力控制这种令梦魇看上去如此恐怖的意象。"很多人来到中心并做了这项治疗后都表现出杏仁核高度

第 7 章 摆脱梦魇的困扰

活跃的现象,杏仁核是监管所有恐惧的地方,"摩尔说道,"他们的前额叶很少控制这种意象处理过程。"这项治疗"旨在帮助人们练习更好地控制那些会带来梦魇的大脑过程"。

摩尔在解释这项研究的时候,利用黑塑料小球在我周围画了一个直径 1 米的圆;她这是在标出我要进入的这个世界的圆周。我下拉一个厚重的黑面具,罩住我的眼睛,并很快忘记了我看上去有多傻;我完全忘记了外面的世界。我走进一个魔幻的酒店大堂,而且当我做缓慢的 360 度旋转时,我发现了一个从未见过的大场面。橙黄色的立体火焰从一个虚拟的壁炉处升起,发出具有催眠作用的爆裂声。一只古瓮、一座雕塑和一个红色的机器人并排立着,仿佛这座前厅被不知从哪里淘来的稀奇物件儿装点着。酒店外,樱桃树在湛蓝的天空下随风摇摆,而粉红色的花蕾看上去像用纸灯笼精心制作出来的。每当我靠近摩尔划定的"娱乐空间"的边缘时,一个光亮的蓝绿色网格便凭空现出身形。

摩尔在旁边看着我观看护目镜里面的景致,过了一会儿,她感到有些乏味,便按下一个按钮,大堂隐身。一幅新图像出现在我的眼前,好像是被投射到某间太空时代教室的墙壁上的——一窝小狗。这是一个控件,其作用是不要激发过多反应。我轻触控件,狗狗消失。接下来,我看到一只蝴蝶落在一朵花上;花朵是浅灰色的;这又是一幅中性图像。在我完成这些热身活动后,主程序开始了。我看到两只活灵活现的黑蟑螂的特写镜头,它们细长的触须投下诡异的影子,它们腿上的毛刺闪闪发亮、纤毫毕现。如果摩尔多年来一直用精神分析疗法分析我的话,恐怕就不会选择这样一幅诱

151

发负面反应的图像了。在某次近乎原始形态的意象回忆治疗中，上四年级的我曾写了一篇有关蟑螂的研究报告，不过我的恐惧感却延续下来；10年后，我第一次独立生活，当我在卫生间地板上看到一只蟑螂后，便逃离了公寓——还与前男友重归于好。当这幅图像突然跳出来时，我的身体僵住了，等我一恢复活动能力，便狂点右手的鼠标指针，此时它显示为画笔功能，可以用它在图像上画黑色的像素点。我一直按着手指，直到一只蟑螂的脸变成了一团朦朦胧胧的东西，这时才感觉我的脉搏开始回归正常。我继续涂抹蟑螂的身体，直到它们变成一个无可名状的黑方块；我补上了一对粗糙的耳朵，并确定这是一只绵羊。这幅图像已经失去了震撼效果，化身为没有威胁的家畜，即便是畸形的，也是家畜。

我点开下一幅图像，它倒让我振作起来，但这幅图像根本就没有什么效果——我后来知道它属于具有高唤醒度的图像。一组跳伞运动员把胳膊展开，准备在树木葱茏的原野上空摆出造型。他们的保护装置看上去很有效，我并没有发现这幅图像特别不吉利，甚至唤醒什么，于是我不做改变，放过了它。再来一张，我看到一条蛇的特写镜头，占据了整个屏幕，它摆好姿势，仿佛随时准备攻击。这是一幅高支配度图像，这条蛇的舌头伸在外面，好像正准备吞下观看者。我开始给它分叉的长舌头涂色，然后移动左手，从一边到另一边把整条蛇缩小。按比例缩小后，这条蛇立刻没了威风。

训练结束后，我摘下面具。此时的实验室似乎比我的记忆中更加了无生气，不知怎的，墙面的纹理浅得看不出来，窗外的天空也很昏暗，令人颇为扫兴。我应该会愉快地回来多上几堂课，以便有更多机会探访这种另类现实。关键在于：虚拟现实疗法（VR）比传统的意象回忆疗法（IRT）更加流行。一项研究显示，150位恐惧症患者中有114位说，他们更愿意接受虚拟现实疗法而非意象回忆疗法。"当你做传统的意象暴露疗法时，要求患者闭上眼睛并想象他们一直练习避免的东西，"里佐说，"这是一个很难完成的任务，你永远不知道幻想空间里会发生什么。在做这种暴露治疗时，虚拟现实是一种更加系统的、可控的、有效的方法。"

另外一种对付梦魇的有效方式就没有这么高科技了。如果人们能够在自己的梦境中学会变得有意识，那么他们便可以自我唤醒，甚至驱逐他们的梦中对手。2006年，荷兰乌得勒支大学的心理学家发起了一项探索清醒梦治疗是否能够帮助人们消除梦魇的研究。研究人员招募了23名男性和女性——他们的坏梦至少每周吓醒自己一次——并把他们分成了三个组。第一组的人上了一节单独的、一对一的清醒梦治疗课，在课上，他们学习了清醒梦诱导技巧，并被告知每当他们感到害怕或意识到出现了一种提醒他们注意梦魇的情形时，就要进行一次现实测试。他们练习重新撰写自己梦境的脚本，创造出新的结局——从梦中恶魔手中抢回控制权并避免常见的恐惧。第二组的成员因循相同的步骤，但学习技巧时是以小组授课而不是一对一授课的形式。最后一个小组——也就是对照组——被归入候补名单，而且根本不接受治疗。

前两个组带着培训指南回家继续练习，当他们12周后回到实验室时，干预措施似乎成功了。在实验之初，参加集体治疗的志愿者每周平均做3.1个噩梦，但到最后时，他们平均每周只做了2.6个噩

◯ WHY WE DREAM

梦的力量：梦境中的认知洞察与心理治愈力

梦；参加一对一学习的患者一开始是平均 3.6 个噩梦，最后这个数字降到了 1.4，而从对照组的数据看，开始是每周平均 3.7 个噩梦，后期稳定在 3.6。效果的改善并不取决于实现清醒梦；有几个人从未成功地让自己的梦清晰起来，但依然减少了梦魇的数量。就其本身而言，实施重新撰写（梦境）脚本训练是可以提供某种好处的。

20 年来，作家史蒂夫·沃尔克（Steve Volk）也饱受这种可怕梦境的困扰。每隔几个月，通常是当他生病或压力大时，都会梦到一个在自己窗外徘徊的陌生人，作势要闯进来并杀死他。在经过一小段极度痛苦的时间后，陌生人会破门而入，并把他暴打一顿。沃尔克逐渐习惯了惊慌地醒来，并攥紧拳头。在研读一本有关边缘科学的书时，他学习了清醒梦的知识，并准备尝试拉伯奇的方法，看是否能帮助他。他给清醒学会去电话，一位教练建议他在清醒的时候回顾噩梦，将他希望在梦中开始变得有意识的时刻确定下来。沃尔克挑选了暴徒的脸出现在窗外的瞬间，并反复想象这一时刻。

一天晚上，他感觉快要做这个梦了，但这一次他主动想象"我在那里"，2012 年他接受电台采访时称："我的视角发生改变，我在这个身体里，在这个地方——没有观察到什么，但就在里面。我能感觉到我的手指在挠我的手掌。我能感觉到自己站在地板上……我走到门口，伸手要开门。我确实看到了门把手——感觉是真的。"陌生人进来了，梦境出现转折；这还是头一次，袭击者是全副武装的形象。"当一个 20 年来一直恐吓你的人拔出枪来时，梦境变成了一场战斗，它发生在我所知道的事实——这就是一场梦，并无外部现实介入——与突然出现的恐惧的自然情感之间。"沃尔克回忆道。不

第 7 章 摆脱梦魇的困扰

过当这个人开枪时,沃尔克意识到子弹是不会伤到他的。只是一场梦而已。"我醒来后感觉自己像个超人。"他说。噩梦一去不复返。

未加抑制的噩梦会给我们的现实生活乃至我们的身体健康造成巨大破坏,但有望成功的新疗法已在完善中。梦魇的压力可以令梦境变得清醒,在后面的章节我们将了解到,做清醒梦的过程可以将梦魇变成解脱之旅。另外,真实的噩梦只占据我们梦中生活的一小部分空间——大部分梦境,甚至那些不好的梦境,都是有益健康的。

CHAPTER
第 8 章 | 探寻梦境诊断之旅

梦境的治疗功能有一个有用的副作用,这就是如果我们集中注意力的话,可以看到我们的大脑正在试图处理什么进程。而且如果我们把自己日记本里的梦境提取出来,送给医生或理疗师,它们还可以变成有价值的诊断工具。这就是某些科学家所谓的"拱肩"——借用的是一个建筑学词汇,用来描述拱形结构建成后在两端形成的三角形空间。拱肩的出现事出偶然——它们仅仅是一座渡槽有用构件之外的副产品——不过罗马艺术家们意识到了它们所展示的机遇,并在上面镌刻上复杂精细的图案和宗教符号。"他们开始在拱肩上面开展奇特的艺术创作,但拱肩在我们的领域却有不同的功能。"梦境研究人员罗伯特·斯蒂克戈尔德说。在生物学上,拱肩是作为某种东西的副产品进化而来的,但人们为这种副产品发明了一个功能——就像心脏跳动的声音。"你的心脏之所以跳动是因为它就是一台泵,"斯蒂克戈尔德说,"但我们已经为它找到了巨大的用途。"内科医生可以通过聆听心跳检测杂音,但你的心脏并非通过跳动警告你心脏存在问题。类似地,斯蒂克戈尔德认为,梦境是"那种碰巧发生的事,所以我们要充分利用它。人们已经学会利用梦境……我认为梦境对于有创造力的或内省的、意识清醒的人来说,和心跳对于医生一样有用。"

◯ WHY WE DREAM

梦的力量：梦境中的认知洞察与心理治愈力

心理学家为梦境确认的第一个用途——也是弗洛伊德"固着"理论的基础，是它们具有为我们显示有缺陷的、神经质自我的能力。多年来，在努力摆脱自己与弗洛伊德的联系之后，当代心理学家们最终回过头来拾起被人遗忘的事实：梦境在诊断方面可以发挥重要作用，它们可以暴露我们没有打算流露出来的焦虑感和我们不知道的自己内心所存在的幻想。不管是必须通过分析才能解开的棘手的象征物，还是现实生活场景的文字描述，梦境都会泄漏我们情感生活凌乱的内心世界。

治疗所面临的一个障碍是，各种疗法都是建立在诚实的基础上的，如坦承怪异的症状和自我毁灭的习惯，挖掘久远的记忆和陈旧的创伤。具有讽刺意味的是，患者说谎是费时又费力的不利因素。在一项针对正在接受治疗的500多人的调查中，几乎每个人——达到令人惊讶的93%——都承认在治疗过程中说谎。他们最经常隐藏的是自杀想法、吸毒和对治疗过程的失望。患者为了看到自己所希望的反应，不管多么信任理疗师会暂缓下结论、保守秘密和支持他们，还是会忍不住说谎；避开责难或惩罚；挽回脸面或因不安躲避医生。

梦境在诊断方面具有无法估量的价值，因为它们可以让患者摆脱困境。承认梦中发生了什么事可能更容易些；梦境总可以被追溯到无意识的模糊深渊，甚至归咎为随机的身体刺激，而不是提出一种令人难堪的恐惧或说出一种非理性的焦虑。某些语言（如希腊语）含蓄地承认梦境和谋划之间的差距，允许说话者否认对梦境负责并肯定目击者的被动地位，而不是梦者的主动地位。例如，一名

第 8 章 探寻梦境诊断之旅

希腊人可能会说"我看到一个梦",而不是"我做了一个梦"。在很多宗教传统中,人们无意识地豁免自己在梦中所犯下的罪恶;梦境本身不能对沉沦于诱惑负责。"一个人在睡觉时所做的事和被剥夺了理性判断并不按罪恶归咎于他,也不算疯子或愚蠢之人的行为。"托马斯·阿奎那(Thomas Aquinas)在谈及"梦遗"话题时这样写道。并非所有精神领域的权威都如此豁达。在出现梦遗后,很多正统派犹太男人和喀巴拉派男人传统上都会清洁身体。在犹太人赎罪日,为了避免做性梦,历史上大祭司会迫使自己整夜不睡觉。

自弗洛伊德时代以来,很多心理学家把梦境视为通往无意识的康庄大道。精神分析学家斯蒂芬·格罗斯(Stephen Grosz)便是其中之一,他通过调查患者的梦境在该领域获得了突破。在《省思生活》(The Examined Life)一书中,格罗斯回忆一个患者(一个被他称为"伊丽莎白"的 66 岁寡妇)如何每次约会必到,而且对每一个微小的危机事件都会抱怨一番:她丢了钱包和钥匙;她把一杯红酒洒在了朋友的沙发上;她忘记了妹妹的生日午餐。虽然伊丽莎白始终处在焦虑状态,但她和格罗斯总是在谈及大问题前便把会面时间用完了,如她丈夫最近去世的情况。几个月来,这个哑谜猜字游戏依然在继续。"总是有需要给予特别关注的新问题。"格罗斯写道。她从未记住任何梦境。

只是经过一年的分析之后,伊丽莎白才开始介绍她丈夫最后几个月的情况。她承认在他胰腺癌晚期的时候,她退缩了,总是躲着他,并寻找各种借口离开那个家。她不顾一切地逃避他即将离世的现实,对他陷入绝境感到害怕,于是她转身离开了。

WHY WE DREAM
梦的力量：梦境中的认知洞察与心理治愈力

到了这个时候，伊丽莎白终于和格罗斯讲了一个梦。家里电话铃响起，她知道那是丈夫打来的，但就是找不到听筒；它没有放在通常的位置上。无休止的电话铃声仿佛在嘲笑她，为了找到它，她把屋子翻了个底朝天，但始终无果。她在哭喊声中醒来，而当回忆这个梦境时，她又哭了一次——这是她第一次为治疗中的丈夫心痛欲绝。这个梦境——连同有关它的回忆大爆发，最终让格罗斯打开了她的情感闸门，了解了一个个小灾小难的冗长陈述和乏味的表面之下涌动的巨大罪恶感。"有各种各样的方式排遣沮丧、焦灼的情感，"格罗斯解释道，"例如，利用性幻想或对自身健康的过度担心便是很常见的方式。伊丽莎白利用自己的灾祸自我安慰——它们就是她的镇静药……我们有时可以利用一场灾难阻止内心的变化。"

很多当代心理学家不支持弗洛伊德的理论，但日益增加的实证研究显示，我们在白天试图忽视的问题，实际上却出现在我们的梦境中。那些经常压抑负面情绪的人认可类似这样的说法——"我总是试图把问题抛在脑后"和"有些事我宁愿不去考虑"，其实这些人更有可能梦到充满担忧情绪的记忆。即使他们努力避免白天遇到的问题，到了晚上也无法逃避。

为此，心理学家用一个术语——梦境反弹效应（dream-rebound effect）来概括上述发现。当丹尼尔·韦格纳（Daniel Wegner）将注意力转移到梦境是否会卷入我们唯恐避之不及的话题这个课题时，这位哈佛大学社会心理学教授已经断定试图压制思想通常是愚蠢的做法。20世纪80年代，他要求一组大学生用五分钟的时间叙述他们的各种想法，但有一个限制：不允许他们想到白熊。每当一个学生说到或想到白熊这个词时,这个学生便通过按铃宣布失败。韦格纳的被试都是美国大城市的大学生,几乎没有理由迷恋上北极圈的野生动物,但即使这样,他们至少一分钟按一次铃。

在下一阶段的实验中,学生们被允许随心所欲地想到白熊。这一次,他们把铃按得甚至更加频繁了,而且——关键是——比另外一组从一开始就可以想到白熊的学生表现更甚。不仅压制意象的尝试失败了,还由此引发了反弹效应,在那段时间里也不会去想别的了。如果我们有意识地去避免某个想法,我们必须打起十二分精神,但这会让整个计划变得不可行。后来我们发现现实世界的各种情境中均存在反弹效应。吸烟者想方设法地避免想到香烟,但到头来反而更迷恋它们;减肥者努力抑制自己想到巧克力的形象,但实际上满脑子都是巧克力;抑郁的人强迫自己多思考积极的事物,但实际上在仔细品味最糟糕的情形。

韦格纳知道,在快速眼动睡眠阶段,参与思想控制的大脑区域关闭,所以他很想知道人们在白天试图压制的那些思想,比如那些白熊,是否会突然出现梦中。为了测试这一思路,他要求300多名学生挑出一个他们知道的人,然后在入睡前花五分钟的时间记录下他们的想法。第一组被告知避免想到他们选择的那个人;第二组被告知将注意力集中在那个人身上;第三组被告知快速说出对被选之人的直观认识,并在接下来可以自由思考任何事。第二天早上,他们都记下了自己的梦境,效果很明显:第一组比其他组做了更多涉及目标人物的梦。

正像弗洛伊德所辩称的那样,梦境或许尤为擅长暴露我们的欲望。神经心理分析是利用脑科学重新思考弗洛伊德理论的冷门领域，而南非学者马克·索尔姆斯是该领域的领军人物。当他发现脑桥受损的患者依然能够做梦时，便意识到霍布森和麦卡利的激活-合成理论（activation-synthesis theory）——假设梦境是由脑桥中的神经递质激发的，并未完全概括以上发现。

霍布森和麦卡利并不知道梦境并不仅限于快速眼动睡眠，我们刚刚入睡后和醒来之前也是有可能做梦的。在所有那些情境中，大脑以某种方式被唤醒，例如，通过快速眼动睡眠阶段乙酰胆碱的流动、日间意识在睡眠初始阶段的滞留，以及睡醒前激素的释放。如果脑桥并未提供梦境的原始驱动力，那么这种动力来自何方呢？

神经科学家探讨了大脑中响应恐惧、惊慌、愤怒和寻求等情绪的若干情感处理系统——这些都是我们与动物共享和涉及某些最古老的人类大脑区域的基本系统。它们受到外部刺激后就会启动，如看到蛇可能激活恐惧系统并引发类似血流量变化和心跳加快这样的内在反应。

寻求系统也称"奖励系统"，激励我们对周围环境产生兴趣并探索它们，它还激发我们对食物、水和性的欲望。当某个需求检测系统发现不平衡状况时，便会刺激产生欲求行为。例如，如果我们的口渴检测器注意到体内水分处于低水平时，我们便有了寻找可以喝的东西的积极性。

在梦境中，肌肉处于瘫痪状态而身体也是静止的。由于处在睡眠和动弹不得的状态，我们没有办法寻找准备寻求的奖励，我们最

第 8 章 探寻梦境诊断之旅

终只能想象它们。更多类似证据来自一项研究，在这项研究中，睡眠被试被注入激活寻求系统的多巴胺刺激剂。他们享受到"梦境的频率、活力、情绪强度和怪异程度的大幅提高"。

当人们应对情感问题甚至精神障碍时，梦境会以与众不同的方式发生变化。一旦我们了解了自己梦境的语言，那么（无论与一位理疗师共享它们还是我们自己独享）每当出现什么变化时都能识别出来。尽管不同人的梦境有纷繁的特色，但在人生道路上，每个个体的梦境都有令人惊讶的不变性；我们每个人都有独特的词汇来表达我们的恐惧和固着，但在较长的一段时间里都会回归相同的象征物和人物角色。从青年到老年，我们梦境的主题和风格通常保持稳定——男女比例、与陌生人的关系、友好的邂逅或敌对的遭遇；动物的数量；性行为的频率等。"文化定式将梦境描述为无规律的和无穷变化的，但正如有关长期梦境历史的重复主题和重复元素的发现所确认的，梦境事实上是特别有规律的和有重复性的。"加州大学圣克鲁兹分校心理学家威廉·多姆霍夫（William Domhoff）写道。

卡尔文·霍尔（Calvin Hall）和弗农·诺德比（Vernon Nordby）在《个体及其梦境》（*The Individual and His Dreams*）一书中描述了一名女性的长期梦史，他们叫她"多萝西娅"。她在 1912 年，也就是 25 岁时，开始记录自己的梦境，并保留了半个世纪的详细梦境日记。在几十年的时间里，很多主题是保持不变的。每六个梦境中就有一个丢失某种财物的梦境。在每 10 个梦境中，她的母亲就会出现一次。每 16 个梦境中就会有一次为错过公交车或火车而烦躁。其他主题则配合焦虑感和社会地位的改变而改变。在中年时（但不是她年轻时和忙碌时）多萝西娅梦到感情受到冷落。当她年龄增大并接受自己作为单身女人的社会生活和地位时，那些梦境逐渐变少。

重复性梦境特别容易跟踪。据估计，60%到75%的成年人做过重复性梦境，它们通常因紧张而起。大多数梦境即便不是明显的噩梦也是令人不快的，而最常见的梦境均包含被追逐的情节——根据加拿大心理学家安东尼·扎德拉（Antonio Zadra）的研究，追逐成年人的是"夜贼、陌生人、暴徒和朦胧的人物"，追逐儿童的是"怪兽、野兽、巫婆或令人毛骨悚然的生物"。那些正在经历重复性梦境的人在测定抑郁程度时通常分值较高，并在生活中遇到问题时产生更多的抱怨。重复性梦境的停止是潜在问题或心理压力源已经得到解决的迹象。在一项研究中，较之从未经历过重复性梦境的人，那些在过去经历过重复性梦境但现在不再继续的人拥有更好的心理健康状况。这就好像他们"一直被迫发奋锻炼他们的心理肌肉以便消除某些缺陷，因此比那些从未经历过如此强有力锻炼的人更加健康"。

凯尔西·奥斯古德（Kelsey Osgood）依然记得几十年前作为一个厌食青少年曾经做过的以食物为中心的焦虑梦。"一个是有关麦片粥的，另一个是有关酸奶冰激凌的，"她回忆道，"我应该吃了好多，但当我醒来后，却不确定是否实际吃到了。这对我来说太痛苦了。"在住院治疗厌食症期间，她开始做在超市被抓的噩梦。"我过去常去百货店。其实不是去买东西，因为我什么都不会买的——我一进去就犯迷糊，什么都不买就出来。我过去也常做被困大型百货店的焦虑梦，到处都是食品，但就是找不到收银机。"

第8章 探寻梦境诊断之旅

凯尔西在过去的五年里一直很健康。她不再梦到暴食人造健康食品或者在迷宫般的超市里迷路,但她偶尔还会做与自己身材有关的焦虑梦。在最近的一个梦中,一位记者叫她胖子。"也记不清是什么出版物了,反正提出给我 100 万美元作为情感损失费,但我那么沮丧,便拒绝了这笔钱。"她说。当她从诸如此类的梦境中醒来时,可能依然处在恼火中。"我感到很愤怒,竟然有人用这种词形容我。我一直以为自己是一个很超脱的人,但它真的传到我的耳朵里,即使在最不起眼的潜意识里,我还是有那种很沮丧的感觉。"

梦境中仅仅出现食物可能是饮食失调的象征。在一项研究中,半数贪食症患者和四分之一的厌食症患者在睡眠实验室过夜的一晚上梦到了食物(在我 20 来岁时——也就是度过与世隔绝的高中和大学生活后,我一门心思要走一条自己的道路——为了达到某种塑身效果,我痴迷于跟踪并削减食物摄取量,我梦到大吃冰激凌、长了四年的芦笋,还有一次令人难忘,一盘脱离肉体的人乳头)。形成对照的是,在健康人群中,有关饮食的梦境相当罕见;在卡尔文·霍尔和罗伯特·凡·德卡斯尔从凯斯西储大学获取的原始样本中,仅有 1% 的梦境提到了食物,甚至烹饪场景和餐厅也仅仅出现了 16%。最近一项针对加拿大大学生的研究证实,梦境可谓烹调的荒漠——能够回忆起在梦中曾经享受过一顿饭的人不足三分之一。

就像厌食症患者的梦境中会出现令自己迷恋的物质一样,刚刚酒醒的人也会梦到自己关心的事;80% 到 90% 的瘾君子在戒毒的前几周里会清晰地梦到饮用、使用、购买、吸食、嗅吸毒品,或与自己选择的毒品做其他莫名其妙的各种互动。

WHY WE DREAM

梦的力量：梦境中的认知洞察与心理治愈力

莎拉·海波拉（Sarah Hepola）在 11 岁时第一次因喝啤酒醉得一塌糊涂，到大学毕业时，她的酗酒问题已经非常严重。在其回忆录《失去意识》(*Blackout*) 中，她详细回忆了自己沉溺于烈酒并整夜醉酒不醒，以及与陌生人睡觉并在众人面前脱得一丝不挂。二十五六岁时，她变得清醒起来，新的兴趣取代了豪饮。她开始攒钱，博览群书，到南美旅行。这是一段增长知识和探索奥秘的时光，在一年多的时间里，她努力抵制始终存在的酗酒的诱惑，但她依然回味当年那些狂放不羁的夜晚，有时还能梦到喝多了。她的梦境呈现一种极度兴奋、难以抗拒的特点。"我参加了一个派对，有人递给我一杯酒。就在我准备喝酒时，我想起来我应该离开的。"她回忆道。但到了早上，她感到自己上当了。"我记得醒来的时候这样说，'扯淡，我不能酗酒。'感觉潜台词就像梦中的乐趣才刚刚开始，我就醒了过来，并说，'噢，不，你又回到可怕的现实中了，在这种环境下是不允许你再喝酒的。'这让我感觉我正在努力保持清醒，但在梦中我又感到很困惑。这类梦做得越多，我就越生气。"她说道。

终于有一天，一个特别生动的酗酒梦出现了，它导致一年半的节制饮酒归于失败。将近 20 年后，那个重要梦境的细节依然铭刻在心。她参加了一场垒球比赛，有人递过来一杯饮料，她抿了一口，是啤酒——不过并没有将其吐出来，她抿了一口又一口。"我从那场梦境中醒来，并意识非常清醒地决定，'既然我还会做这些梦，不妨继续喝酒。'这一喝就是 10 年。"

海波拉并不知道的是，在早期节制饮酒阶段，酗酒梦和失眠夜与噩梦一样都是很常见的。戒瘾辅导师提醒患者，做上述梦境并不奇怪；鉴于酗酒梦具有非常明显的可预测性，所以精神病学专家利用它们评估旧病复发的风险。梦境通常会随着欲望的消退而逐渐减弱，所以在经过一段时间的节制期后突然出现一个酗酒梦或吸毒梦可能是一个警告信号。瘾君子在早上的情绪反应可以提供最为重要的线索。如果他在梦中感觉很憔悴，而醒来后感觉很内疚，这可能是身体恢复的好兆头；甚至当做了一个有关酗酒或吸毒的美梦时，如果患者在意识到只是一场梦后，心中会感到释然，这也是一个好的预兆。我的一个朋友20多岁时戒除酒瘾的经历便很符合这个理论。"戒酒后，在一年的时间里我还梦到过酗酒，而且真的感觉醉了，"她告诉我，"我曾经做过的酗酒梦通常是很恶心的，而且醒来后总是发出这样的感叹，'唷。'"一晃10多年了，没有醉酒的感觉很快乐。

不过，就像海波拉这样，醒来后感觉被抛弃或失望可能是恢复进程趋缓的迹象。如果有人在梦中没能吸到毒品——或许警察出现了，或许针头总是找不到血管，便特别有可能在醒来后丧失意志力。类似这样的梦境提醒吸毒者令人遗憾地错过了什么，从而激发甚至在梦境状态下都无法得到满足的欲望。

梦境还可以帮助预测某人是否处在躁郁症发作期或自我毁灭事件的风口浪尖上。在西方文学中，其中一个最著名的精神崩溃情境就是以梦魇为基础的："当格里高尔·萨姆沙[①]一天早上从心神不定的梦境中醒来时，发现自己在床上变成了一只巨型昆虫。"20世纪

---

① 奥地利小说家弗兰兹·卡夫卡的小说《变形记》中的人物。——译者注

○ WHY WE DREAM

梦的力量：梦境中的认知洞察与心理治愈力

90年代，加拿大研究人员凯瑟琳·博舍曼（Kathleen Beauchemin）和彼得·海斯（Peter Hays）利用六个月的时间跟踪了躁郁症患者的梦境。每周三个上午，研究人员都会给每个患者打电话，了解他们的心理状态和他们前一晚的梦境。在情绪稳定的时候，他们的梦境大多涉及工作或通勤这样平凡而现实的活动。但当他们处在躁狂状态时，他们的梦境会带有"魔幻、妄想、外星人、飞行、奇怪的动物和非同寻常的经历"等特征。

更有意义的是，海斯和博舍曼发现了抑郁或躁狂发作前梦境的特点。抑郁期通常以梦境回忆的全面减少为起点，而躁狂期肇始会出现一两个晚上涉及伤害、暴力或死亡的生动梦境的标志。在躁狂期前，一个患者梦到被装进了一口棺材，并注意到家人悲痛欲绝的样子。另一个患者梦到走过一处墓地，看到一个个尸体从坟墓中钻出来。

精神病学专家面临的一个最紧迫问题与一定程度上令人恐慌的猜测有关，并没有一个十分简单的方式来预测谁有自杀倾向。科学家们近来借助血液检查和App为基础的算法开展实验，尽管获得了一些不确定的结果，但大多忽视了更直观的信息源。

美国康涅狄格州精神病学专家迈伦·格吕克斯曼（Myron Glucksman）是一个例外。在过去的几年里，他一直在梳理抑郁症患者的梦境报告。他最终确认了自杀性和非自杀性抑郁共同拥有的某些主题以及少量关键差异。两个组别的患者均详细叙述了对于死亡和无助感的理解，但那些设想或尝试过自杀的人的梦境更有可能呈现毁灭、孤独和针对自身的暴力等特点。就在因自杀倾向住院前，格吕克斯曼的一个患者梦到她的父亲命令一个人向她开枪。一个两周前企图用一氧化碳自杀的男人梦到一颗原子弹的爆炸"吞噬了人民的生命"。

2017年，格吕克斯曼访问了当地一家精神病院，并请52名严重临床抑郁症患者描述两周前的一个梦境。他将患者分成三个组：那些被诊断为抑郁但无自杀想法的人（A组）；那些试图自杀的人（B组）；和那些在最近四天里有过重大自杀尝试的人（C组）。他与研究报告的联合作者米尔顿·克莱默（Milton Kramer）接下来翻阅了梦境报告，寻找反复出现的意象和主题。

A组梦境的特征是非同寻常的死亡、失败和心灰意懒。例如，"我在一个蛇窝里，一条条冰冷的蛇在我周围游走。我逃不出来，感觉很无助、无望和害怕。"B组和C组的梦境也具有死亡和失败的特点，但它们的不同之处在于痴迷死亡、暴力和谋杀。例如，"一个小男孩的胸口被人捅了一刀，被我看到了。我就是那个小男孩，看到了我自己死亡的过程""我正和一帮骑手一起游玩，有人开枪了……我就是那个被枪杀的人，我死了。"

"这是可以解释得通的，因为自杀顾名思义就是自我谋杀，"格吕克斯曼说，"这个方法可以被临床医师借鉴，包括心理健康医生和急诊科的外科医生，也包括那些在危机干预中心工作的人。甚至都不需要解释或分析，你所要做的就是问那个人，'你做过梦吗？'如果那个人在梦里出现了暴力、谋杀和伤害的意象，你会怀疑他在临床上具有抑郁和自杀倾向，这是一个可以预测的因素。我认为如果人们注意到这一点的话是可以挽救生命的。"

WHY WE DREAM

梦的力量：梦境中的认知洞察与心理治愈力

根据自己的执业经验，格吕克斯曼利用梦境评测自己客户的进步。"随着时间的推移，可供我们跟踪的变量越来越多，"他说，"通过他们梦境的显性内容表现出来的故事、他们的人际关系以及他们的自我表征都会发生改变。"在《梦境：改变的机会》(Dreaming: An Opportunity for Change) 一书中，他描述了一个抑郁症女患者梦境的演进如何让他相信她需要住院治疗。在一个反复出现的梦魇中，这个女人发现自己在海面上踩水，抓住了一块岩石，还看到格吕克斯曼乘一条小船从身旁经过。他伸出援手，但她就是无法靠近他。女人每个晚上都会做这个梦，伴随令人不安的些许变化：时间一长，她抓着岩石的手逐渐松弛下来。当女人承认自己已经完全松手的时候，格吕克斯曼把她送到了医院。

即使没有专业理疗师，人们也可以利用梦境认识到自己的问题。科学作家卡丽·阿诺德（Carrie Arnold）在《虚空奔跑》(Running on Empty) 一书中记录下了自己与厌食症做斗争的故事。一个梦魇促使她意识到自己的饮食习惯是不健康的。她住进医院不久，便梦到让自己由着性子吃了无数莴笋。"我醒来后发现自己实际上在流口水，"她说，"我的枕头都给浸湿了。"

卡丽醒来后的第一反应并不是因唾液浸湿了被单而感到窘迫，而是因想到自己实际上可能狂吃沙拉而陷入无法自拔的恐惧之中。只有当她记起自己被锁在一所医院里、没办法去厨房时才平静下来。她内心深处是否认的态度，但令她震惊的是，这个梦境——或者说这个梦魇——透露着诡异。"我记得当时想的是，这种食物太好吃了，而且让我放开了吃，真是太高兴了，"她说，"但我也意识到，离奇之处在于，莴笋竟然是自己梦到的唯一食物。我记得一想到这点就有些悲哀。在当时这是我所能做出的最深刻的理解。"

凯尔西·奥斯古德给我讲了一个患厌食症朋友的故事：这个朋友通过噩梦最终认识到自己这种病的严重程度。尽管病情很危险，但她拒绝治疗；她相信只要自己心里愿意，吃得越少越好。在梦中，她和一个骨瘦如柴的人结了婚。"如果你按小说来听这个故事，也许认为它有些简单，"凯尔西说，"但这场梦给她造成了很大影响。较之以前的样子，她更加积极地接受集体疗法。在某种程度上讲，这场梦完成了此前医院做不到的事，终于让她对厌食症感到恐慌了。"

即使最理性的人也不会轻易承认他们自己的恶习。多年以来，著名睡眠研究人员威廉·德门特每天都要抽掉两盒烟，却努力不去想对身体健康的影响——直到在一场梦中他被诊断出肺癌。"我记得好像就是昨天我在胸透时发现了预兆不祥的阴影，并意识到整个右肺已经浸润了。"他回忆道。他快死了，不会活着看到自己的孩子长大成人了，在这种极度痛苦的现实面前他妥协了。"我永远都不会忘记醒来后的那种惊奇、喜悦和强烈的安慰。"当天他就把烟戒了。

如果我们愿意分享的话，梦境甚至可以帮助医生发现身体上的问题：正如亚里士多德和希波克拉底所怀疑的那样，梦境经常改变某一疾病的进程。疾病和发烧的潜伏期通常的标志是梦境回忆和各种梦魇增加。"发烧梦"这种说法最早有记录可查的可以追溯到1834年，当时英国作家费利西亚·多萝西娅·赫门兹（Felicia

Dorothea Hemans）在其诗歌《英国殉道者》(*The English Martyrs*)的开头写下了讲述者（一名囚犯）对新的一天充满讽刺意味的问候："清晨再度降临！出现在孤独昏暗的监牢/囚犯发烧梦的巨大洞穴。"2016年，德国睡眠研究人员迈克尔·施瑞德尔让一群年轻人报告他们所能回忆起来的最近的发烧梦。当他把它们与健康学生的梦境样本做对比后发现，发烧梦更加离奇，经常呈现某种空间畸变的特征，如火烧云、移动的墙壁或一团团看着很吓人的东西。人们给自己的发烧梦的评价更加强烈和完全负面；超过噩梦三分之一的判定条件，还同时具有很多现实生活中的症状。

"发烧可能与精神错乱有联系，而后者是一种危险状况：由于受某种潜在的医学–生理学毒性的影响（经常与感染、药物反应或其他医学原因的毒素有关），大脑可能出现幻觉，而意识也是时而清醒、时而糊涂，"乔治华盛顿大学精神病学专家简·金姆说，"尽管我们可能还未充分了解特定的梦境内容与特定疾病是如何关联起来的……但梦境很可能是联系意识–身体的纽带，我们需要继续探索。"帕特里克·麦克纳马拉解释道，在睡梦中，"你会做大量无序的、不加限制的感觉处理。这让你在生理上感觉到，如果你要从身体上拾取微弱的信号，例如如果你身体里的某个器官工作不正常了，这类梦境则来得正是时候。"

20世纪中叶，一位名叫瓦西里·卡萨特金（Vasily Kasatkin）的精神病学专家从他所在医院的患者手里收集了1600多份梦境报告。他分析了与梦境相随的病症发展情况，并挑选出若干相关模型。一个人在病倒之前经常会遭受"非常讨厌甚至具有梦魇特点的

第 8 章 探寻梦境诊断之旅

梦境的折磨",并结合"战争、火灾、伤害或对身体不同部位的其他损害……血肉……污物、脏水……医院、药房、医生、药物"等场景。有时,梦魇更加具体;一名患者梦到他的腹部(未来出现溃疡的地方)被老鼠啃噬。这些梦境的情感主旨匹配那些可怕的内容,令患者在早上回忆时带有一种压倒性的恐惧感或悲哀。"通常讨厌的梦境出现在疾病的其他明显临床症状之前。"卡萨特金写道。他希望终有一天它们能够充当一个早期预警系统。"如果医生经常监控患者患病期和恢复期的梦境,那么即便不是始终但他们也经常会注意到梦境特征的变化。"

有时,梦境以某种并不需要经常监控甚至更多分析的方式反映身体症状。当奥利弗·萨克斯(Oliver Sacks)还是一名年轻医生的时候,他便决定在暑假时到挪威做一次徒步旅行,作为自己在纽约一家医院高度紧张工作后期待已久的减压之旅。那是八月的一个早上,这位医生在黎明前便一个人出发了,他准备攀登一座位于峡湾旁的 6000 英尺①高的陡峭山峰。"我很快就进入状态,大步流星,走得很快。"他在回忆录《单脚站立》(*A Leg to Stand On*)中回忆道。他一边稳步前进,一边品味孤独的荒野,欣赏周围的景致——"郁郁葱葱的松林……一种新的蕨类植物、一种苔藓、一种地衣。"就在这时,他的思绪被眼前的一幕打断了:一头"巨大的"公牛挡住他的去路。他心中大骇,便突然"沿着陡峭、泥泞、湿滑的小路疯狂地、盲目地"往山下逃,慌乱中被绊倒并掉到一处悬崖下,导致左腿严重受伤。他拖着断腿,手脚并用,往山下挪动,希望自己

---

① 1 英尺 ≈ 0.3048 米。——译者注

能够活下来。七个小时后，他最终被两位驯鹿猎人搭救。

这次经历让他遭受很大创伤，但他的恢复过程甚至更加令人困惑。医生萨克斯变成了患者萨克斯，而且尽管外科医生成功地给他重新接上了连接膝盖的撕裂的四头肌，但某个地方似乎依然出错了。他感觉与自己受伤的身体产生了疏离感。"我丧失了对那条腿的内在意象或表征，"他写道，"我的一部分'内部照片'丢失了。"这在他的梦里显得更加无法否认。他回忆起一个特别令人不安的噩梦："我又上了山，费力地移动我的伤腿并站立起来……这条腿已经缝上了，我能看到那排细小的缝线。我想，'我要准备迈步了！'但那条腿纹丝不动……好像哪怕一根肌肉纤维都没发挥作用。我感觉肌肉——那么软弱、疲沓，没有健康的弹性或活力……那条腿一动不动地搁在那里，怠惰无力，好像死了一样。"事实上，尽管医生坚持认为，萨克斯已经好了，但他的伤腿正在遭受神经损伤（丧失神经支配能力），在那些梦境出现几个月后，医生最终注意到了这种状况。

这并非萨克斯第一次注意到梦境和早期症状之间存在联系。作为一位年轻的神经学家，他经常观察到偏头痛患者在白天备受困扰的间歇发作模式和他们在梦境中看到的意象之间的连贯性。在《醒悟》(Awakenings)一书中，他回忆了一个在诊断为帕金森氏症之前被冷冻梦境所困扰的人。

现代科学家刚刚开始揭示睡眠与疾病之间的密切关系，但某些思想敏锐的医生相信梦境中就包含本来不为人注意的症状。在一项研究中，昏睡症患者做过数量非比寻常的瘫痪梦。在一所睡眠障碍诊所中，五分之四梦到出汗的患者抱怨在现实生活中爱出大汗，另外将近一半在梦魇中出现窒息的患者在白天存在呼吸障碍。

梦境或许可以帮助医生了解睡眠呼吸暂停之类难以诊断的症状。患者经常忽视他们的症状，这些症状都是在他们无意识和没有留下物理痕迹的状态下存在的。为数不多的迹象之一是长期存在的讨厌的或情感肤浅的梦境。在 2011 年的一项研究中，英国斯旺西大学的医生让某诊所 47 位睡眠呼吸障碍患者写下自己 10 天的梦境。睡眠呼吸障碍更严重的患者呼吸暂停更频繁或暂停时间更长，通常会做单调的、无感情色彩的梦境；这些梦境缺乏常规意义上令人眼花缭乱的意象和心理强度。他们的梦境缺乏情感可能是睡眠频繁中断的结果；它"可能意味着患者的睡眠……如此脆弱以至于干扰了梦境的进程，因此不利于梦境和梦中情感的展开"。

梦境相关行为一个最有用的应用是确定谁存在神经退行性疾病风险。那些在梦境中包含表演情节的中年人（睡觉时梦游或说话），显然更有可能在日后罹患阿尔茨海默病或帕金森氏症。所谓的快速眼动睡眠行为障碍（RBD）在那些年逾五旬的男人中最为普遍，而且原本心境平和的人有可能变得讨人嫌，从而对他们自己和伴侣构成威胁。在医学文献中可以查到快速眼动睡眠行为障碍患者折断骨骼、碰掉牙齿、殴打伙伴，甚至跳出窗户的记录。几年前，精神病学专家卡洛斯·申克（Carlos Schenck）对 26 名至少有 16 年快速眼动睡眠行为障碍史的人产生了浓厚兴趣，并惊讶地发现，他们当中有 81% 的人已经被诊断出患有帕金森氏症或类似的神经退行性疾病（从诊断出快速眼动睡眠行为障碍到诊断出上述疾病的时间间隔为5～29年)。其他研究显示，诊断出快速眼动睡眠行为障碍意味着这些人在10年内有50%的概率患上帕金森氏症或痴呆。科学家们尚未完全搞清楚快速眼动睡眠行为障碍和认知能力减退之间的联系，但它们在生理方面存在若干相似之处，即存在发展成更严重病症之前首先表现为快速眼动睡眠行为障碍的缺陷。两组患者均受到较低多巴胺水平和嗅觉受损的影响；在脑干中都存在损伤和明显的细胞畸形——称为路易小体和路易神经突。

即使在诊断结果得到确认后，预测某种疾病如何显露出来还牵涉另一轮猜测——此时，梦境可以再次提供线索。荣格学派分析师罗伯特·博斯纳克（Robert Bosnak）领导一个梦境小组，每月针对心脏移植受体开展一次调查，历时一年半。随着患者术后恢复，他们努力形成外来器官是自己身体一部分的概念，甚至消除非理性的生存者负罪感；他们感到幸运并感激获得第二次机会，但排斥他们的身体。这些心理冲突经常浮现在他们的梦境中。一个女人梦到被挥舞着刀子的蒙面幽灵骚扰，并说她不值得活下去。另一个患者梦到穿墙而过并带着可怕的念头醒来，觉得自己不再是一个完整的人；她感觉一个幽灵占据了自己的身体。不管怎样，梦到隐晦地接受那颗心脏是与恢复过程联系在一起的。当一个女人开始感觉好些时，她梦到器官捐献者送给她一支红玫瑰。

虽然科学家们开始把梦境与诊断联系起来，但盖伦和希波克拉底所设想的世界——医生们定期询问患者梦境的那个世界，并未成为现实。尽管如此，即便并不总能解释得通，但那些关注自己梦境的人还是可以对自己的身体获得充分的了解。

第 8 章 探寻梦境诊断之旅

2011年,我通过《清醒梦》(*Lucid Dreaming*)作者罗伯特·瓦格纳(Robert Waggoner)的 Facebook 主页联系上了丽贝卡·芬威克(Rebecca Fenwick)。当时她正在非常热切地盼望自己的第三个孩子的降生。怀孕八周后,她和丈夫去诊所做常规检查,并第一次看到他们宝宝的心跳。她高兴地回家了,但当天晚上,一直很注意自己梦境的丽贝卡做了一个自己这辈子最吓人的清醒梦。她站在厨房里,注意到窗外正在形成一股龙卷风——这可能是她在做梦的一个典型迹象。她做了一个现实测试,没错,她意识到自己睡着了。"清醒梦内的意识存在很多层次,而这一次,我非常、非常在意接下来会发生什么。"她回忆道。很快,梦境发生突变。"我正在观察我自己,我好端端地活在梦境里,就像存在双重意识。我能看到自己在厨房里,手里端着一杯水——不过令人窘迫的是,我开始流血。我抓过一张纸巾擦拭血迹。我意识到,在这个梦里,我流产了。"她感到一阵慌乱,努力把自己从噩梦中拉出来。她唤醒了丈夫,把这个梦境告诉了他,但他没在意。"他真的不太关心这类事。"丽贝卡说。她没反驳丈夫的态度,第二天早上,她想把这段梦境从意识里抹去,然后到外面散步。感觉一切都好,她还记得当时的想法。感觉一切正常。"没有任何迹象提醒我,我要流产了。"

"散步回来——大概走了两英里路,我走进厨房,接了一杯水,开始喝水。我正在厨房里来回走动,突然感觉下体有一股液体涌出。我想,噢,天啊,也许尿裤子了。我冲进卫生间擦拭身体,果然,我在大量出血。"其实在她和丈夫开始因为失望而纠结前,第一波悲伤已经被似曾相识的感觉冲淡了不少。"我心烦、悲伤、情绪激动,"丽贝卡说当时她已经意识到流产了,"但我在想,梦境竟然是真的，这更让我震惊。"

通过跟踪我们的梦境，也许再加上和医生的讨论，我们便能尽量了解我们的身体和意识，而且如果我们更广泛地分享它们，甚至能知道得更多。

CHAPTER 第 9 章　从梦境中获得帮助与洞察

2016 年的一天下午，我坐在一位理疗师位于曼哈顿的办公室里，给他讲了一个梦。我还有六个朋友旁听。

当我第一次见到马克·布勒希纳（Mark Blechner）时，他刚刚提交了自己的一份梦境报告供小组分析，正在侃侃而谈自己的切身经历。"我还从未见到一个梦境竟然做得如此完整和容易理解，"他向我介绍了他在 20 世纪 90 年代举办的国际梦境研究协会的某次会议上参加的这个梦境小组，"七个陌生人都做了一个比我曾经经历的清晰得多的梦境。"马克是一个非常可爱的人，浑身洋溢着一种沉稳、可靠的气质，很显然，人们都愿意向他敞开心扉。甚至他的办公室看上去都正直坦荡、整洁有序。落地式书架倚墙而立，在林林总总的书籍中，书脊上印有《弗洛伊德全集·第一卷》《弗洛伊德全集·第二卷》《弗洛伊德全集·第三卷》字样的大部头很显眼。在书架的顶端摆放着陶瓷塑像和一把美国印第安人的陶壶——这是他的一个学生送的礼物。

马克在纽约大学教授心理学。当他参加完在夏威夷召开的那次国际梦境研究协会会议后，一回到家便开始在他的学生中组建梦境小组，他激动地向他们介绍这种另类的梦境分析方法。有几个他建

WHY WE DREAM
梦的力量：梦境中的认知洞察与心理治愈力

立的梦境小组在没有他参加的情况下继续开展活动。"通过梦境小组，你可以学到那么多有关梦境的东西，真是太不可思议了，"他说，"每次我提交自己的梦境报告时，都会大吃一惊。它让我对自己的洞察更深刻了。"

我的兴趣大增。我还从未听说过梦境小组，但我也希望获得深刻洞察自己的能力，而且马克也说了，如果我能聚拢几位好友，他会尽量帮助我们。

我问马克，对于我们将要分析的梦境，是否有什么指导原则。他让我放心，对于梦境可言并没有理想的类型或长度；无论我提出什么要求，他都会帮助解决。我翻了翻我的梦境日记，试图寻找一个合适的切入点：既要提供足够维持两个小时梦境分析所需要的材料，又不能暴露任何令人特别尴尬的秘密。我决定从一个月前的一个梦境入手。

希拉里·克林顿邀请我跳排舞时，我正在马路上散步。她为人很亲切，就像老朋友一样。场景发生变化。我们正坐在我母亲的餐桌旁，聊着总统的宠物。我必须说服她不要把塞丽娜（也就是继母那只快死的猫）选为美国"第一猫咪"。我们正东拉西扯地聊天，这时希拉里突然倒下不说话了，我意识到她死了。我给特勤局打电话，但他们似乎不太上心；遇到这么严重的情况，我竟然束手无策。我跑着去找切尔西[①]，但她只是对我打扰她感到很生气。最后，我意识到希拉里实际上只是一小片

[①] 美国前总统比尔·克林顿和夫人希拉里·克林顿的女儿。——译者注

第 9 章 从梦境中获得帮助与洞察

牛油果（Avocado）。

这似乎是一个安全的选择：一段离奇的梦境，让我很好奇，不知是什么样的心理剧或现实经历给我带来如此的刺激，但可以肯定地说，它不可能被解释为某种恋母情结冲突或源自任何尴尬的忏悔。

当然，我错了。

那是三月的一个星期二，我哄来一帮布鲁克林的朋友，带着他们去马克位于上西区的办公室。

在讲习班上，马克解释，我——"梦者"，应当感到舒服并保持控制力；我可以拒绝回答任何问题，只有当我认为时间已到时，我们才能进入下一个阶段。我把那个梦境分发给我的朋友们，然后按照马克的指导，把日记大声读出来。我感到脸上发烧；即使在这种诊所环境中，这个梦听起来都很离奇。这就好像我一不留神走进了某个荒诞文学写作班。在这里，我并没有为我的遣词造句或情节设计辩护，而是回答了有关我的梦境的"显性内容"。

> 希拉里的头发是什么样子的？
> 短发，2016 年竞选时的发型。
> 你母亲的房子里还有别人吗？
> 没有。

在大家的帮助下，当我完全发掘出我的记忆后，我们前进至下一阶段。这个小组的每名成员都和这个梦境没有联系，但都设身处地地想象她本人经历了这一切，并将自己的人际关系加进去——梦境和她自己现实生活的联系，以及这个梦境所诱发的她的感受。在这个阶段，我是不允许参与进来的；在我的朋友们假装梦到我的梦境时，我要保持沉默。"如果小组成员一开始就与梦者的人际关系无关，那么他们的反应将是不受约束的和自发的，而且是来自他们自己涉及这个梦境的人际关系。"设计该梦境分析方法的蒙塔古·乌尔曼（Montague Ullman）解释道："这些反应可能有时看上去毫无联系，但它们通常还是切中要害的——而且如果小组成员一直按照梦者暗示的思路思考的话，那些反应可能是意料之中的事。"

"如果这个梦是我的，我可能会把希拉里·克林顿与我的母亲联系起来，她是希拉里的狂热支持者。"一个朋友主动发言："如果这是我的梦，我可能会把希拉里·克林顿视为一个投机分子——把排舞当作一种拉拢我并说服我把选票投给她的方式，"更喜欢伯尼·桑德斯（Bernie Sanders）[①]的一位朋友这样说，"我能想象得到，她希望尽量把排舞跳得自然些。"

"如果这是我的梦，我可能感觉被某个本应保护我的人抛弃了。"另一个朋友表示，她注意到梦里缺乏权威人物的状况——没有反应的保镖、无意识的希拉里、空屋子。

接下来，我回答了有关梦境和我的现实生活之间关系的问题。在这一点上，这一戏剧性事件——也就是这一梦境在实际梦到它的那个人眼中所具有的神秘性——得到了强化；在用半个小时设身处地猜测梦境的含义后，他们想知道它对我意味着什么。他们了解了

[①] 伯尼·桑德斯以民主党候选人身份参加了2016年美国总统大选，是希拉里·克林顿的竞争对手。——译者注

我对希拉里·克林顿（赞成）和垂死之猫塞丽娜（反对）的看法。我们讨论了"Avocado"（牛油果）和"Avocat"在语言学上的联系，后者在法语中是"律师"的意思。难道这就是我的潜意识把身为律师的希拉里变成一只牛油果的原因？莫伊拉指出了牛油果和女性外阴的相似性。马克注意到梦境中缺少男人。

我们谈到了我发现塞丽娜在一次癫痫发作后身体变得僵硬，并很想知道它是否死了。我们一致认定作为梦者的我担心无法传达某种重要的信息——可能希拉里·克林顿或这个国家处在危险中，也可能是我的作品中的某个故事或真相。接下来，马克指定我的一个朋友把梦境报告重新读给我听，这一次以非常滑稽的慢速朗读；在她朗读的时候，我认真思考了每个人说的话。最后，小组汇集了大家的观点，并将我认为最恰当的那些观点融合成一个新的解释。我们各自分享了有关政治、父母和故乡的故事，而我得到的不仅是感觉拉近了与这几位朋友的关系，也包括对梦境更深刻的理解和可能就是梦境之源的现实焦虑感。一个小组内有思想的非专业人员形成合力可能比孤零零的一个理疗师做的工作更有成效。不同的小组成员领悟到不同层面的含义——一些人容易注意到家庭事件的相似性；其他人喜欢关注政治焦虑或性别动因。而与小组成员共同讨论梦境可以刺激人们记住它们。"在工业社会里，大多数成年人记不住自己梦境的主要原因是他们并不拥有支持这样做的社会和情感环境，"杰里米·泰勒写道，"我 20 多年的经验是，一旦这样一个环境被创造出来（比如说，让他们参加一堂梦境心理课，或参加一个活跃状态的梦境小组），甚至最难处理的梦境回忆失败通常都能得到解决。"

WHY WE DREAM

梦的力量：梦境中的认知洞察与心理治愈力

我们对梦境是存在文化蔑视的，其中一个最令人悲哀的表现是梦境导致社交乏味的说法。在一个依然将梦境视为无聊的社会里，大声宣扬它们往好了说是毫无意义，往坏了说则是自我陶醉。人们担心在分享自己的梦境时，有可能因疏忽展示了某种并不体面的神经官能症或离经叛道的欲望；弗洛伊德有一个最经久不衰，然而也是支持者甚少的理论，即大多数梦境都表现出无意识的情欲。如果某人说"我昨天晚上梦到你了"，其实只是暗讽而已。

在翻看19世纪英格兰的警务报告时，现代英国历史学者谢恩·麦考利斯汀（Shane McCorristine）被包含梦境描述的报告数量惊呆了：目击者和受害人似乎特别想告诉警察和验尸官，他们是否在自己的梦中预料到一项犯罪活动或一起人命案。他说，讲述梦境是一种"在易受伤害的个人和当局之间"创造"社会联系"的方式。但他也注意到，在20世纪20年代，梦境报告开始从审讯记录和新闻报道中消失，而他将这种变化怪罪到弗洛伊德的头上。"弗洛伊德的理论开始传播，而且它们把人际关系与梦境世界联系在一起，"他说，"与梦境有关的难堪事日渐增多。"这样想来，它们或许可以被解释为某些潜在的神经官能症或性行为异常的迹象。

一个世纪以后，世俗观点相信梦境并非高雅谈话的主题。《失眠症患者之梦》（Insomniac Dreams）是一本介绍纳博科夫梦境实验的书。2018年，《纽约时报》网站撰稿人丹·皮蓬布林（Dan Piepenbring）为这本书写了一篇书评，并对选中这个话题表达了歉意："梦境是无趣的。在一系列乏味的谈话主题中，它们排在未来五天天气预报和狼之间。"（"我的编辑对于我把梦境描述为无趣的从未质疑过我。"

第 9 章 从梦境中获得帮助与洞察

皮蓬布林告诉我)。几年前,电台节目制作人莎拉·凯尼格(Sarah Koenig)在广播节目《美国生活》(*This American Life*)中专门制作了一期节目,列举了人们绝对不要谈论的七个兴趣话题。梦境排在月经期后,位列第四。英国作家查理·布鲁克(Charlie Brooker)在《卫报》撰文声称,听其他人聊梦境让他梦到了"一个未来,届时再也不会有奇闻逸事,他们的面孔没有了表情,他们的身子不知去向"。小说家迈克尔·沙邦(Michael Chabon)在《纽约书评》上写道,他在吃早餐时几乎是禁止讨论梦境的,他将它们斥为糟糕的聊天素材:拖沓、冗长。在叙述过程中还会出现扭曲。而且不可原谅的是,它们也不是什么好故事。当我解释我这本书的主题时,人们纷纷表达他们的同情心:"人们一定希望把他们的梦境告诉你。"他们一边说一边点头,仿佛在说"你的痛苦我最懂""那些谈话一定是最烦人的"。

当我向文学学者詹姆斯·费伦(James Phelan)请教,梦境中是否有什么元素把叙述过程变得冗长、乏味时,他解释说:"梦境讲述者有一些基本障碍需要解决。让非梦境体验故事充满趣味的原因是,它们在某种意义上是'有得讲的':故事含蓄地指出,某种涉及体验的东西使它们超出了不起眼的普通事件的范畴。"主角可能面对某种危险、吸取某种教训,或遇到某种美好的事物。但在梦里,"就像任何事件都会发生一样,这意味着相对于非梦境体验故事,在这里一般和非同一般的反差不再有效果,从而让可述性更模糊。"另一个问题是,梦境并不遵循我们所期待的一个精彩小故事的逻辑类型,费伦说:"讲述者一般会尽量忠实地按照梦境事件的发生顺序叙述。但这种忠实程度通常意味着没有因果逻辑,缺乏逻辑性通常意味着故事缺乏连贯性，而缺乏连贯性的故事显然不是一个好故事。如果说我生活中的某一天因为充斥着没有重点的琐碎之事而让人感到乏味，那么忠实叙述的梦境也会因为充满了随机性而呈现同样的特点。"

另外把情感投入他人的梦境中是很难的。你在里面没有任何利害关系——你从一开始就知道这个故事是以梦者在床上醒来并毫发无损结尾的。弗吉尼亚大学英语教授艾莉森·布思（Alison Booth）专门从事叙事理论研究。她认为："梦境讲述者有一个内心并不真正关心讲述内容的听众，因为这是讲述者的梦境，这位听众听到的是某种自我本位的，而且可能是令人发窘的事。当我们听到梦境时，我们怎么会想象我们就是梦者呢？而在小说中，首要原则是你是读者，你拥有每项权力来确保你处在故事的中心或把你自己想象为主角。"

不过或许西方人在这方面只是缺乏训练，或许他们不知道如何交流他们的梦境。不情愿谈论梦境是一种特定的近代文化现象。我们在分享梦境方面感受到如此大的压力甚至可能有进化方面的原因。如果大脑试图确认可能有价值的微弱联系，那"它必须非常仁慈，"罗伯特·斯蒂克戈尔德说，"或许令大脑的联系 - 强化机制出现偏差的这个过程的部分环节，如'请注意我发现的这个联系'延续到了现实世界，而你现在希望其他人都注意它。"

按照我们祖先的朴素思想，谈论梦境——不管是轻松地讲给朋友们听，还是在有组织的群体里分析它们，抑或在互联网上和陌生人分享它们——是有益无害的。我们越把自己的梦境整合到日常生活中，越容易记住它们。而且讨论梦境的行为可以把人们捏合在一起，就像在治疗环境下的梦境中可以坦然讨论敏感的或令人尴尬的问题一样，它们也方便朋友间开展亲密谈话。社会心理学家詹姆斯·潘尼贝克（James Pennebaker）花了几十年的时间研究保守秘密的心理影响，他发现透露保守秘密的艰难可以让人们感觉更容易控制情绪。正如心理学家梅格·杰伊在一本有关童年厄运的书中所指出的那样，"如果虐待受害者不披露他们所受创伤的话，更有可能遭遇各种身体和心理疾病的困扰，"杰伊写道，"从溃疡、流感和头痛到癌症和高血压。"秘密让这些受害者容易受到各种事物的影响。潘尼贝克也认为，"不和他人讨论或吐露事件真相的行为或许比经历这起事件本身更有破坏性"。

梦境小组和他们富于灵感的信息披露支撑起一个个社群。我了解到，马克·布勒希纳所遵循的准则就是基于蒙塔古·乌尔曼的梦境小组模型。在从20世纪60年代到70年代的大部分时间里，乌尔曼一直在迈蒙尼德医疗中心开展梦境心灵感应的实验，但后来他变得焦躁不安。"我产生了一种回报递减的感觉。"他写道。领导一个实验室的行政职责让他感到不堪重负，而他还渴望尝试新的东西。于是他离开医院，在一座田园牧歌般的瑞典小城谋得了一份教书的临时工作，他要休息一下并思考下一步该如何行动。他开始和精神分析学会的同仁交流如何领悟他们自己的梦境，此举导致"从关注他们患者的梦境到关注他们自己的梦境的彻底转变。但我的热情想必是具有传染性的，因为他们开始感受到我们所从事的这个解梦过程的力量"。在结束教职后，他签约依莎兰的工作室和其他"修炼中心"。这次回美国，他为自己确立了一个新使命。他希望实现梦境分析大众化——为不具备从事精神病科护理特殊资格或条件的人们找到一种方式，以便帮助他们从自己的梦境中获得洞察力和社会联系。"信任、沟通和团结的氛围在梦境分享小组中日益浓厚，"他写道，"生活在如此深远的层面上交织在一起，相互联系的感觉变成了一个可以感知的现实。"

直到 2008 年去世前，乌尔曼都在把梦境当作一种自助工具在世界范围内推广，领导梦境小组并指导其他人成立梦境小组。他的追随者带着某种类似宗教的热诚继续实践他的学说。"他并不在这儿培训和激发我们的灵感。"威廉·斯廷森（William Stimson）写道，他领导中国台湾的梦境小组并维护一个专门宣传乌尔曼学术成就的网站。"我们负责设计各种激发灵感的方法，并彼此接受训练。我们是他的思想的传承人。"

新研究证实了乌尔曼的猜测，即参加梦境小组可以产生若干社会和心理效益。就像马克·布勒希纳一样，马克·布莱格罗夫（Mark Blagrove）在国际梦境研究协会年会上了解到梦境小组的事。这位温文尔雅的英国心理学家第一次参加这种会议，并无任何期待，也心存犹豫是否分享他自己的梦境；它"太短了，显然也没什么意义"。在梦中，他的爱人朱莉娅给了他两张 CD，封面是一张伦勃朗（Rembrandt）头戴软帽的肖像，他很想知道伦勃朗是否就是为《老友记》（Friends）写主题歌的那个人。

但当马克和这个小组讨论他的梦境时，心中很吃惊。顿悟接踵而至。朱莉娅给了他两张 CD——就像她在现实生活中给他生了两个孩子。这个礼物很精美——她牺牲了自己作为艺术家的职业来支持他的学术理想。马克描述伦勃朗软帽的方式让一个参与者想起了学者帽；事实上，马克刚刚被晋升为系主任和正教授。会议结束的时候，他开始把朱莉娅的奉献和他的职业成就联系起来，并对他的家人再次萌生一种感激之情。"这只不过是一个微不足道的梦境，也不是很有趣，然而却蕴含了很深的意味，我只想以后把这个梦继续做下去。"他说。

他开始在斯旺西大学领导梦境小组，而他几乎不敢相信他的学生们很愿意分享个人故事和问题，如他们努力适应大学生活、他们与父母的关系，以及他们离家生活的感受等。"真是难以置信，他们不再压抑自己。"他说。在过去的几年里，马克把大部分精力都投入探索从属于一个梦境小组所带来的心理影响中。在一项研究中，他和同事考察了学生们在与研究人员分享一个梦境或一项重要的现实生活体验之后的个人洞察力水平。学生们以小组的形式参加活动，直到每个人都参加了一个45分钟的讲习班，剖析一个梦境和白天的一个情感事件。研究证明，分享梦境是非常有益的；在学生们参加过一次梦境分享后，以下两种洞察力的量表得分都显著提高：探索洞察力（"我在讲习班上了解了过往事件如何影响我当前的行为，感觉受益匪浅""通过参加梦境/事件分享活动，我了解了更多涉及现实生活的问题""我了解了仅凭我自己不可能想到的事"）和个人洞察力（"在讲习班期间，我产生了如何改变我自己或我的生活的某个方面的想法""我学会了一种思考我自己和我的问题的新方法"）。

马里兰大学心理学家克拉拉·希尔（Clara Hill）研究了梦境小

组如何帮助人们改善婚姻关系或处理离婚问题。在一项实验中，她和一位共同执笔者招募了 34 位正闹离婚的女士并邀请其中的 22 人参加了每周一次的梦境小组活动。她们的很多梦境都围绕失败、挫败或被讥讽之类的痛苦主题。一位女士梦到回家并准备与丈夫和解，却发现他和两个漂亮女人躺在一间塞满死鱼的公寓的床上。另一位女士梦到顺着一条绳子往一座泥泞的小山上爬，却只是为了上去之后再滑下来。与此同时，对照组的 12 位女士在为期两个月的研究周期内被列入候补名单，并最终在一次单独的研讨班上分享了她们的梦境。总的来说，到实验结束时，那些坚持参加梦境小组的女士不仅获得了深入梦境的洞察力，在自尊方面也提高很多。分享秘密带来了精神的宣泄，社群归属感带来了愉悦感，它们共同转化为一种超越每周梦境小组活动界限的自信。

在另一项研究中，希尔与同事探索了讨论梦境是否也可以帮助夫妻沟通其他问题。他们招募了 40 对异性恋夫妻——多数为大学生——并安排一半夫妻参加一位理疗师主持的两堂梦境解析课。其余 20 对夫妻（对照组）被归入候补名单。每个配偶都会分享一个梦境，而顾问会指导这对夫妻讨论这个梦境所诱发的感受以及它在夫妻关系上代表了什么含义。实验结束时，治疗组的这些女士（虽然不是男士）感觉她们对夫妻关系有了更深刻的了解，而且她们的"夫妻性福"也得到了改善。希尔指出："在夫妻梦境解析课上被要求采用的口头分享形式对女人可能比对男人更具吸引力。"

类似这些研究有助于证明心理学家应当认真对待梦境小组——不过人们未必需要参考最新研究成果也能知道梦境小组可以成为洞

第 9 章 从梦境中获得帮助与洞察

察力之源和排遣无聊和孤独的一剂良药。在令人绝望的情形下，非正式的梦境小组作为一种有机的联系方式横空出世。"每天早上，我们会分享和解析昨晚的梦境并以此开始新的一天。"一位奥斯威辛集中营幸存者在获得自由多年后写道。在一个严重缺乏娱乐的环境里，梦境就成了消遣的对象；梦中思想活动是一种自食其力的娱乐资源，而分享梦境的行为变成了社区建设的一种实践。纳粹用数字代替囚犯的名字，并让他们遭受残酷环境的折磨，但在分享一个梦境或做出一番解释时，囚犯便有可能恢复自己的人性。

"在奥斯威辛集中营中，正在解析的梦中人际关系维度是与囚犯吸引他人关注的需要联系在一起的，"奥夫恰斯基写道，"当一名囚犯分享一个梦境时，至少在短时间内，他在对话者的心目中变得重要起来……而梦境的含义反而不如正在谈论的纯粹事实重要。因此分享梦境是一种互助，其目的是增加囚犯的自尊。"在一个外部新闻为零的环境中，囚犯试图在梦境中寻找生死问题的线索，如他们的亲属是否还活着，以及战争是否将要结束等。而且由于梦境被认为包含了与梦者、其他囚犯乃至整个群体有关的预言，所以剖析它们是一种合理的群体活动。在整个白天，人们可以寻找另一个囚犯梦中预兆得到应验的迹象。"对这个梦者而言，当预兆并未成真的时候，它却在朋友那里变成现实了，"一名囚犯说，"梦变成了公共财产，'看啊，你的朋友梦到了。'"他们编造出了属于他们自己的梦境词典，而这本词典反映了他们生活的动荡和他们对未来的关注：抽烟预示梦者从监狱里获得释放，炖肉意味着他会在审讯期间遭到毒打。

在获释后，许多囚犯都不情愿回忆他们梦中曾经拥有的信念；极度紧张的牢狱生活已经让他们放下怀疑之心。"很难解释为什么我们都那么天真。"一名幸存者写道。"现在，我们认为梦境的解析是不成熟的，甚至是愚蠢的。但回想过去的经历，它们又绝对是必要的。"另一名幸存者说。

七年来，社会工作者苏珊·亨德里克斯（Susan Hendricks）一直领导一个位于南卡罗来纳州一所最高安全级别女子监狱内的女囚梦境小组。2005年的一天，这位监狱心理学家走出办公室，在场院里挑了两三个人并问道："你们愿意出来尝试一下这个吗？"说服这些女人敞开心扉着实费了一番功夫；在监狱里，"人们极度缺乏信任，而且充满恐惧和怀疑"。但当她们相互了解后，便开始放松下来。当一个女人被撞到传别人梦境的闲话时，她便会被踢出小组；这之后，女人们便更有信心相信其他成员了。

梦境小组有助于满足她们对社群的渴望。"当你发现有一小群人是你可以信任的，你就可以公开分享你的经历——这个区别可是巨大的。"由于宣传做得好，当亨德里克斯从监狱离职时，候选名单上有几十个女人等着加入小组。在梦境小组内，她们感觉非常安全，也获得了前所未有的亲密关系。这份信任超越了正式集会的界限。"她们在场院的远处看到小组中的某个人，可能只是挥挥手或以某种方式互相打招呼，但这给予她们存在联系的感觉。"亨德里克斯说。

很多女人在残酷的暴力或囚禁噩梦中挣扎。有一个狱友几乎在每个晚上都会梦到自己挥舞着铲子，也不知道什么原因，就是在毫无目的地挖掘。当她挖到某一层土壤时，地下会冒出火苗，将她吞没。在将这个梦境带到亨德里克斯的小组后，这个女人意识到，她做这个梦的时间是在自己母亲去世后不久。她被批准离开监狱去参加葬礼——但这毕竟是一次令人痛苦的、羞辱性的经历。"他们让她戴着手铐、脚镣，穿着囚衣参加葬礼。她往前走，狱警在两侧跟随；他们带她来到最前面，让她瞻仰了棺材中母亲的遗容，然后直接把她带回了监狱。"亨德里克斯说。一旦这个女人确认了梦魇和葬礼的联系，梦魇就消失了。

其他成员能够利用这个梦境小组为紧张的、高风险的活动做好准备。一个女人在自己假释听证会的前一天来到梦境小组，心烦意乱地、绝望地谈起她的梦魇：听证会是场灾难，她的申请被驳回。成员们鼓励她并向她介绍她们此前面对假释委员会的经历，以及她可以做何预期。一个女人说"我将帮你整理发型"，另一个说"我们会支持你，为你加油"。下一次梦境小组活动是在一周后，这个女人带着好消息回来了：她通过了听证会的审查。又过了一周，她走了。"梦境小组成员愿意为她提供帮助，通过这份支持，围绕梦境所做的工作消除了梦境带来的可怕焦虑。这样当她走进听证会场时便平静下来。"

即使在不太极端的环境中，梦境小组也可以培养亟须的社群意识，并帮助人们更深刻地了解自己。10多年来，"纽约灵魂梦者"一直组织集会活动，在这座有时薄雾缭绕的城市里创造出片片绿洲。他们在公寓里聚会，在切尔西街区租了工作室，还在市中心区的餐厅里绘制搞笑头像。虽然近年来他们在线恳谈会社团的规模

WHY WE DREAM
梦的力量：梦境中的认知洞察与心理治愈力

起伏不定，但据说依然有 200 多个成员。一些成员在新时代度假村聚会；其他成员则发现了在线社团的魅力。一些中坚分子组织起了这个俱乐部。对他们而言，梦境小组是治疗、爱好和社交圈的集合体。在一个无人理解的世界里，对于那些珍重自己梦境的人，这里就是他们的庇护所。

在一个和煦的初春夜晚，我在联合广场附近一间灯光昏暗的法式餐厅里见到了"灵魂梦者"的成员。在偌大的餐厅里面，一群二十来岁的预科生聚在一起举办某个庆祝活动；在另一张餐桌旁，一对穿着讲究的夫妇握住双手，旁边一个男孩子在玩手机。女服务生问我，是否需要把我领到 15 位正在举办派对的人那里，但我摆了摆手后便径直朝餐厅中部走过去，那里坐着的一群人，看上去不太起眼，而且从聚会的气氛看还有些尴尬——看来聚会正在紧张进行中。

米歇尔请我坐到餐桌旁，这是一个很活跃的女人，似乎是这个小组的领导者。八年来，她一直参加这些聚会。另一个女人今年 26 岁，是精神分析专业的学生，她说梦境小组友好的氛围让人获得一种解脱——她和同班同学一直坚持讨论他们的梦境，但在她看来，他们的分析可能太心急了。克莉丝汀是一位画家和灵气（reiki）[①]执业医师，2005 年时，她做过一场噩梦，梦到撞毁了父亲的那辆旧萨博，自此以后她就再没有拥有过汽车：她正在往位于州北部伯克夏的家里赶，这时她意识到自己的身子不见了。"我感觉我正在低头看我自己开车。"她实事求是地回忆那个梦境，仿佛在向我讲述早餐

---

① 灵气是一种辅助治疗手段。——译者注

第 9 章　从梦境中获得帮助与洞察

吃的什么。"接着我看到了停在路肩上的那辆车，被撞毁并着火了。"她醒了过来，仔细琢磨这个梦后，把自己的车卖掉了。多年以来，克莉丝汀每天早上把自己的梦境都记录下来，积累了一本又一本梦境日记。"我的一生算是一个疯狂的梦者。坐在早餐桌前，便希望把梦境告诉每个人。他们都像这样，'是的，是的。'我就是那个站在公交车站旁告诉人们我的梦的小孩子。"她已经 60 多岁了，意识到大多数人并不希望听她讲自己的梦。她很感激找到了志趣相投的这群人——一群心无旁骛专注这个主题的人。

我们点了葡萄酒和鸡尾酒，米歇尔解释了他们的规则。当初一浏览"灵魂梦者"的网站，她便立刻被迷住了，但她只能偷偷前往他们聚会的酒吧。她告诫自己："米歇尔，你必须克服自己的羞怯，放心去吧。"她成了聚会的常客，也通过这个梦境小组结识了几位挚友。

那个正在实习期的精神分析师首先分享了自己的梦境：她躺在床上，一个她喜欢的足球明星坐在身边，正准备起身离开。当她醒来后感觉很困惑：为什么这个球员会出现在她的房间里，还有为什么她没有意识到这个梦很离奇呢？她给这个梦起了一个标题：格格不入。艾琳给了一个比较贴切的解释。艾琳提醒她，梦中的任何事物都代表了自我的某个方面。如果此梦非虚，她认为梦者正在与自我欣赏的某个因素建立起联系。梦者喜欢这个解释。

甚至那些回避参加定期梦境小组的人也在虚拟社区里分享他们的梦境——或者在有名气的梦境 App 上，或者在主流社交媒体频道上。当我看到推送给我的一条条梦境描述时，仅从它们神乎其神的标题上便获得了片刻的欢愉。它们比大多数推文更离奇、更自然——在集体疯狂而亢奋的 Twitter 氛围下,它们更像一个提醒:还有远离政治纷争和不会自我吹嘘的人。

在 DreamSphere、Dreamboard 和 Dreamwall 之类的 App 上,用户登录后可以与陌生人和朋友分享他们的梦境、点赞和评论彼此的梦境,具体操作与 Facebook 上的状态更新类似。一个可能看上去极端个人化甚至以自我为中心的爱好也有了社交属性并与他人产生共鸣,这说明即使奇怪的梦境也具有普遍性。某件让你早上一个人笑出声的事也可能让别人开怀大笑。"我用一块百吉饼刺伤了一个人,"一个自称 Hhaalleeyy 的用户坦承,"我把自己给笑死了。"用户 AwsamJournal 这样回复,还有四百多个用户给这个梦境点赞。"迄今为止最搞笑的梦境。"另一个用户评论道。他们分享自己第一个清醒梦中的欢乐,甚至困惑。用户 Stratosynth 在一个名为"第一个真实的清醒梦!!!"的帖子里报告说:"我时而看到我的身体,时而看不到。"他们还发动网友解梦。"我做了一个梦,梦到妈妈和一只蟑螂结婚了。"一条消息这样写道。一个业余分析师猜测,要么梦者觉得妈妈做什么事时没考虑她的感受,要么梦者妈妈的决断能力值得怀疑。而且网友们也断言:这类梦境并没有人们想象的那么奇怪。"它们只是有些不可思议,而且还有点儿可爱。"一位网友安慰她。尽管很多这样的解析都带有调侃的意味,但网友踊跃参与的程度说明我们都强烈希望了解我们的梦境。

不过这些故事或研究都不会让国际梦境研究协会的成员感到奇怪,因为他们中的很多人通过交流梦境挖掘到了自己内心深处的目

第 9 章　从梦境中获得帮助与洞察

的性并形成了关系紧密的社群。"我第一次来，就喜欢上了这里。这里都是与我志同道合的人，我希望今后一直待在这里。"加拿大图书管理员安热说。这是我反复听到的情感流露。"这些纽带是永久性的，"来自圣菲的艺术家维多利亚如是说，"一旦你与某人分享了一个梦境，你以后便欲罢不能。这和你参加了一场鸡尾酒会截然不同。"

我在国际梦境研究协会待了一周时间。在此期间，我发现每天早上参加梦境小组活动的决定是正确的。尽管每天都很忙碌，也很难做到在不侵犯他人隐私的情况下写下活动的细节，但我还是定好了早起的闹钟。我终于得以窥见不同背景陌生人的心理和他们的思想。我了解到一位女士与后妈的复杂关系，还听说了一位中年护士在辞职后自我形象发生的改变。

如果我在每天的生活中引入梦境这个话题，那么无论是在专门的梦境会议上，还是在比较随意的派对上，很多人都会热烈地讨论它们。在编写这本书的过程中，我还和编辑、朋友、熟人和陌生人做了无数次令人着迷的交流。"你想必听说过无数个类似这样的故事。"一位新结识的朋友会首先道歉，然后抛出一个梦境，该梦境不可避免地透露出某种心底的恐惧或幻想，并常常导致一次更加深入的交流；她披露了曾经令其无法进入梦乡的嗜好，还有她在自己的梦境中感到伤心的人际关系。我这本书的主题已经让我对各种告白产生了浓厚的兴趣；我想我能理解在一次派对上充当理疗师是何种感受。我在朋友们诉说奇怪梦境的短信铃声中醒来，他们都很渴望与我交流。"我做了一个梦，男朋友在梦里戴上了结婚戒指，然后我说，为什么你没有告诉我？"这是几天前一个朋友给我发的短信。我无法告诉她这意味着什么，但我和她交流时得知，前男友和她在一起之前曾经离过一次婚。这些谈话把我们紧紧联系在一起，帮助我们分享本来会作为秘密深埋心底的故事和恐惧。

我甚至一直在试图说服某些持颇为怀疑态度的朋友，梦境中其实包含有用的心理洞察力。当我的朋友们同意跑到上西区去帮我分析一个梦境时，她们确实做到了，这也算对我这本书的支持吧。但令每个人意想不到的是，我们这支小队伍自从在马克·布勒希纳的办公室里了解了梦境小组之后，竟然继续坚持我们自己的小组活动，到现在已经两年有余。它也不算什么正规的小组，因为一些人退团，一些人又邀请进来新的朋友，导致小组成员变化很大。我必须把人数限制在 15 人以内，而且我们这个梦境小组也不会到外面过夜。但在某月的某个晚上，我们就像钟表一样准时，聚在一起参加一次通常比我们最亲密的知己聚会更胜一筹的谈话活动。

它不像马克的讲习班那样正式，我们会坐在一个朋友家的地板上，用纸杯喝着廉价的葡萄酒，点比萨外卖。吃过饭后，泛泛的聊天（寒暄、打趣、斗嘴）宣告结束。我们按照马克交给我们的规则开始活动。不管轮到谁，都会提前把供传阅的梦境报告准备好——她可能是利用工作间隙把报告打出来的，并在单位的复印机上匆匆复印若干份。然后我们按照步骤行事——大声朗读梦境报告，澄清梦境内容，每个人设身处地地进入这个梦境中，请梦者说出自己的相关情况和解释。在这种充满仪式感的活动框架下，我们创造出了一个并未刻意追求亲密关系的空间，在这里，即使喝着劣质葡萄酒也无法阻挡隐私的自由流淌。我的朋友们说，组织这种梦境小组活动帮助她们更好地记住了她们的梦境，甚至通过睡觉就改善了她们的人际关系。

在这个小组一开始组织聚会时，我们试图限定在安全的梦境范围内——搞笑的、荒唐的，或许某次活动开始时涉及某个敏感内容但往往停留在令人感觉舒服的趣事的范畴。我们选取的梦境基本上都是大家喜欢分享的关注点，如我们的工作、志趣以及对失败的恐惧。随着时间的推移，我们逐渐适应了活动的节奏，并开始放松戒备。随着活动框架越来越完备，我们暂停了通常把活动控制在熟人中的限制。我们彼此默许了探讨、询问通常不敢开口的问题。我们引入了性梦、死亡梦和自杀梦；也涉及了童年的暗恋对象和家庭的秘密。

S是一个平面设计师。尽管她在小组里只有一个朋友，但还是在最早参加的一次活动中贡献了一个梦境——一个奇怪而费解的梦境，她总是忍不住就思索一番。在梦里，她走在异国他乡一条铺着鹅卵石的街道上，和一位老朋友享受着慵懒的一天，直到她的父母突然出现并宣布要开车送她回家。这时她的妹妹过来解围，并拉着她去了一间美甲沙龙；恼怒的S从沙龙跑出来。她看见一座被污染的锦鲤池，看到一条橙色的鲤鱼正在抽烟，一会儿就迷糊过去，沉到水底。

"这个梦挺吓人的，起初我不敢拿出来分享，"S后来回忆道，"我对小组里的每个人都不太了解，而且我知道我正在分享某些个人信息。有时回顾一段梦境感觉就像给你的脏衣服通风，但每个人的反应都很真诚并严肃对待分享过程,所以让人感觉很好。"

乔说,如果这是她的梦,她会非常享受第一个场景——漫步在一座陌生的城市中,但对家人的突然闯入感到窝心。还有一个人说,她会很有挫败感,因为她总是乘客,从来没当过司机。只有当其他女士套用她们的社会联系评价这个梦境时,S才认识到,回顾过去,答案其实很明显。"在这个梦里,我缺乏活动能力,经常感觉很无助,而且行为上也是如此。经过大家的指点,我才真正看明白我的梦境。"控制梦境的情感最终得以确认是一种解脱,她把在梦境小组获得的洞察力应用到今后的生活中。"我认识到我的很多家庭关系可能是狭隘的和胁迫性的。拥有和讨论这个梦境,让人相信这些情感是有效的和持久的。我越来越清醒地意识到,我的感情太压抑了。从那以后,我一直在练习多说'不'(没有负罪感),也在避免成为环境的受害者。"

"我做了很多梦,甚至过了几天之后,还差不多可以记住它们,"乔说,"我经常做噩梦,还患有睡眠瘫痪症。梦境世界已经成为我的生活的重要组成部分,对我孤独惯了的情感生活具有重要意义。所以它在做某种完全不同的事情时给人的感觉不仅是非同寻常的,也是特别富有创造性的。"

"开展梦境小组活动是有规则和章程的,它们完美地控制隐私但并不令其失去活力,"莫伊拉说,"这项活动太私密了,它们是那种你只有和你的爱人或妈妈之间才会有的对话。"

第 10 章　我们能控制梦境吗

迄今为止，我所描述的可能性——预演现实生活、激发新的思路、平衡情感、培养社群，都可以通过有规律的梦境获得。梦境的进化与认知功能并不依赖于它的清醒程度。

对于那些学习清醒梦的人而言，所有这些益处都是可以放大的。那些掌握清醒梦技巧的人可以梦到特定的问题，寻找答案或洞察力，谋划具有宣泄作用的邂逅，并探索潜意识的秘境。清醒梦者在消除梦魇和培养令人难忘的、情感上有奖励的梦境方面是有优势的。

更不必说清醒梦所拥有的纯粹的愉悦感。人们在谈论自己第一个清醒梦的方式以及他们经诱导进入这种独特的意识状态时，具有引人注目的连贯性。在试图描述清醒梦时，人们搜肠刮肚地寻找合适的词，不惜诉诸陈词滥调和毫无意义的表述方式；清醒梦是"超真实的"，可以说"比真实还要真实"。正如史蒂夫·沃尔克（Steve Volk）所言，门把手就是门把手，这位作家在学习清醒梦之前饱受梦魇的折磨。

荷兰精神病学专家和清醒梦者弗雷德里克·凡·伊登在一个多世纪前略显夸张地说："读者朋友，如果你之前没有品味过如此的乐趣，便无法想象我那兴高采烈的样子。刚一醒来，我就发现……在那神秘、无知觉的幻想和虚假空间里，我不断地观察（那种全神贯注地观察）和思考（那种深入而清晰地思考），而且留下了完整的回忆和平静的自我意识。"清醒梦者暂时从身体里解放出来，摆脱了正常的物理法则的束缚。

自从在秘鲁时读了斯蒂芬·拉伯奇的书之后，我便偶尔做清醒梦，但我无法预测它们何时会来。我懒得做现实测试，而且我也并不总有时间冥想。睡眠是宝贵的，在半夜里把自己唤醒是根本不可能的。然而，我越了解清醒梦的力量，越希望能够在一个始终如一的基础上诱导清醒梦。我准备当面向拉伯奇请教。

九月的一天，溽热难耐，我飞到小小的夏威夷希洛机场，在大厅里发现一群眼神迷茫的游客。看来我的这些清醒梦爱好者伙伴没费什么周折便已聚在一起；他们只是刚刚见面，行为羞怯，看上去有些凌乱、不安，对自己报名参加的这一团体并不十分清楚。我加入进来，等待接机的专车，我们在摆满廉价花环和浅蓝色卫衣的低档礼品店里逛了片刻，便没了精神头，接着交换了名片和参加梦境小组活动的简要资料。

"你做过清醒梦吗？"一位身材不高但很精干的男人没说客套话，一上来就这样问我。他的方格衬衫熨得异乎寻常地平整，好像要去参加什么商务会议但现在迷路了。一名瑜伽女教练正在弓着身子玩手机，拍下机场停机坪旁的棕榈树并上传到 Instagram。一个瘦高个儿男人说话带俄国口音，剃了个大光头，似乎站着就能睡着。

第 10 章　我们能控制梦境吗

聊天进行得不温不火，这时一辆喷着卡拉尼海滨度假村字样的中巴车停了下来。一位活泼的年轻女士走下来，把我们带上车。车开了一个小时才到度假村。一路上，娜塔莉一直在喋喋不休。我了解到，两年前做办公室工作的她来到卡拉尼，当时她认为那只不过是一次短假期而已，但自此以后却在夏威夷开启了新生活。

"大家到这里来都够含蓄的啊。"娜塔莉忍不住对这群过于安静的人说，他们当中有些人刚刚经过了 12 个小时的飞行。她向我们保证，等这次聚会结束后，我们都会发生改变的。我们会变得"非常外向"和"与众不同"。

卡拉尼基本上是由志愿者支撑起来的，他们住在帐篷里，半周工作，主要是做饭、保洁和修剪花草，服务对象是他们自己和前来学习瑜伽、入神舞（ecstatic dance）[①]、尤克里里[②]或清醒梦的客人。一些志愿者会在这里生活几个月——做个人旅行，或在空当年（gap year）[③]出来长长见识；也有人会待上几年——通常是在大陆上找个传统工作多挣些钱，然后到卡拉尼来做这种志愿性质的工作。

事实证明，我们与娜塔莉一起度过的一小时是一个很好的过渡，让我们彻底放松心态，沉浸在卡拉尼这个肉体上感觉不可思议、情感上无边无界的世界里。野猪在村里游荡，绿莹莹的壁虎在墙壁上爬来爬去。粗犷的志愿者们头戴印花大手帕或草帽，哼着颂

[①] 入神舞是夏威夷当地的一种舞蹈。——译者注
[②] 尤克里里也叫夏威夷小吉他，是夏威夷当地的一种乐器。——译者注
[③] 空当年源自英国，指学生离开学校一段时间（通常是在升学前或毕业后），经历一些学习以外的事情。——译者注

梦的力量：梦境中的认知洞察与心理治愈力

歌，从你身边走过，或躺在吊床上打盹，时不时随口爆出一句"我爱你"和"你很漂亮"，这就算打过招呼了。

整个普纳街区历史上就对各类探奇者充满吸引力，是那些逃避现代生活压力的旅行者养精蓄锐的地方。区域内，嬉皮士合作公寓（Hippie co-ops）和理念村（intentional communities）随处可见。那些所谓的"普纳人（Punatics）"头上编着长发辫、身上穿着破衣服，要么在黑沙滩上闲逛，要么嘴里叼着烟卷儿泡温泉。

娜塔莉把我领到我的房间，这是一个简单空间，有些类似大学宿舍，里面摆着几件柳条家具，墙上贴着不太真实的田园风情画，还有些其他摆设。装在天花板上的一个孤零零的灯泡就是房间的主要光源，但那天晚上没电。我打开钥匙链上的迷你手电筒，在房间里磕磕绊绊地摸索一番。一夜无话。

早上，当我拉开薄薄的窗帘，这里的景致才第一次真正映入我的眼帘。透过窗户可以看到婀娜多姿的棕榈树和顶着一层新鲜露珠的高大的热带花草。我的第一个念头是这里的风景很像一幅栩栩如生的桌面背景。

我从未想过成为在我所能想到的每个维度上都如此丰富多彩的小组中的一员。有些人来自遥远的伦敦和澳大利亚，有些人来自附近的西海岸，甚至夏威夷本岛。一个男人为了凑齐学费，便积攒退休金并扣下自己最大的一笔开支；其他人的这次旅行都是父母赞助的。有些20来岁的女士仿佛刚刚走下度假村的走秀台，衣柜里似乎塞满了白天穿的太阳裙和布裙，还有晚上用的围巾和披肩。而有些老先生似乎只有热带印花衬衫。有些人几乎没有听说过斯蒂芬·拉伯奇,也有些人很多年以前就是他的粉丝,说起他有关清醒梦诱导的书籍和技巧来如数家珍。一些人从未做过清醒梦,而有一对夫妻实际上是天生的清醒梦者。如果说他们有什么共同点的话,那就是都非常熟悉文学作品中有关濒死体验和超感知觉的描写。

请允许我介绍几位小组成员。朱尔斯辞掉了电视制片的工作,到世界各地旅行并教授瑜伽。对她来说,梦境契合她的旅行并深入内心深处。阿兰娜是一位熟练的冥想者和掌握感官剥夺术(sensory-deprivation)的专家,最近毕业于纽约大学千禧世代纪事专业(millennial storytelling)——她力求通过专业学习学会"千禧世代如何把自己的故事讲得与众不同"——希望利用清醒梦寻找内心深处的聪明女人。这是她的第二次卡拉尼之旅,荣膺度假村非官方导游的角色。冥想帐篷在哪儿?可以在裸体泳池穿泳衣吗(她并不建议这样做)? 70岁的迈克尔的希望是,如果他学会确认做梦的时间,这样当他进入来世时,便会早早地意识到。这是一个病态的计划,但他为其平添了些许幽默感。"滴答滴答,"他说,"我正在争分夺秒地准备着。"

早上,我们到山顶上一座明亮、通风的八边形建筑里开会,建筑的一侧直对着雨林。窗框上挂着一套双开窗帘,一幅火山女神佩蕾(Pele)[①]的画像占据了整整一面墙,画风火红、炽烈。据卡拉尼的宣传资料介绍,这个空间的设计初衷是把参观者从"盒子建筑"里解放出来,不过四面墙的房间从未给我带来特别压抑的感觉。

---

① 佩蕾是夏威夷当地神话传说中的人物。——译者注

○ WHY WE DREAM

梦的力量：梦境中的认知洞察与心理治愈力

　　斯蒂芬的助手克莉丝汀是一位临床心理学家，也是一位熟练的清醒梦者。她身穿印字 T 恤衫，用自己的清醒梦经历激励我们，举手投足间尽显营地顾问的乐观态度。自从在心理学课上学到清醒梦现象，她便在大学里自学诱导清醒梦的方法。"我几乎不敢相信，它并非众所周知的事情，"她说，"真让我深感敬畏。"自此以后，她每周三次训练自己做清醒梦，甚至在梦境状态下冥想和练习瑜伽。正当她为我们介绍一周的课程时，突然传来一阵低沉、有力的叫喊。

　　"知道我们正在这里做什么吗？"一个光脚男士大声说，他身穿宽松的夏威夷衬衫和短裤，浓密的白眉毛下露出瞪得圆圆的蓝眼睛。在克莉丝汀说话的时候，斯蒂芬想必已经从后门悄悄走了进来，只不过我刚才没注意到。他的声音抑扬顿挫，很有感染力，每个问题开始时都很低沉，结束时则变成了尖叫。

　　"不知道这是怎么回事？"他反问道，"我怎么知道你们是人呢？也许你们是机器人、外星人或梦中人呢？有谁认为这真的是一场梦吗？"

　　这一连串的问题便是一个很棒的开场白。斯蒂芬会在接下来的一周里训练我们多多关注周围的事物，仔细观察环境的细微之处，寻找不一致的地方并不再假设我们处在清醒状态。他和我们一一打过招呼，对每个人来卡拉尼的行程都表现出强烈的好奇心。时年 69 岁的他将毕生最好的时光献给了清醒梦领域，而且他说："和那些喜欢这个课题的人在一起，让我恢复活力。"

　　从某种程度上讲，斯蒂芬是一个很有个性的人，因为一个赞同他的观察者可能把他描述为清醒的,而一个不那么大度的人可能认为他死脑筋,甚至狂热。即使当他坐着的时候,还一直在动,身体扭来扭去,两个脚踝时而交叉,时而舒展。当他兴奋的时候——他经常这样——会从椅子上跳起来。他的姿势有时会很委顿,双手摊开,而他的声音可能在一个句子里就上蹿下跳好几个八度。不止一次,我感觉他的做派活像一个巫师。

近年来,清醒梦在缓慢地得到各方重视。克里斯托弗·诺兰(Christopher Nolan)编剧并执导的 2010 年科幻大片《盗梦空间》(*Inception*)的上映便是一个标志时刻。该片反映的是商业间谍潜入他人梦境之中窃取秘密并植入不良思想。影片中,间谍使用一个陀螺作为现实测试工具;如果陀螺一直旋转下去,他们便知道自己处在梦境状态;如果它倒下了,说明他们处在现实世界。诺兰说这部电影的灵感源自自己的清醒梦体验,而其模棱两可的结尾——镜头停在旋转的陀螺上,让观众很想知道它会不会倒下——应该意味着"或许各种层次的现实都是合理的"。清醒梦的谷歌搜索量在这部影片上映时达到峰值,而且此后便再未回落到 2010 年之前的水平。当然,互联网的作用也不容忽视。持续更新的 Reddit 清醒梦论坛累积订阅者超过 19 万。

不过,清醒梦依然没有完全融入当今文化中。而卡拉尼的清醒梦爱好者几乎不能被称为主流追随者。

迈克尔的灰白头发一直垂到下巴处,而他喜欢透过无框眼镜眼睛注视你。他还有一个习惯,总是伸着脖子偏向一边,并停留片刻,就好像忘记了为什么要这么做。毕竟他不适应如此刺激的场面。在解释为何最终生活在一个近乎与世隔绝的状态时，他的语速较慢，声音也比较单调。他在美国西海岸担任精神病学技师超过30年，他和已故妻子是一时兴起前往墨西哥的。"她说，'让我们提前退休并开启一段冒险历程吧。'"他回忆道，"我永远都想不到会发生什么，但我已经准备好踏进未知的世界。"事实证明，墨西哥非常合适成为迈克尔第二步行动的主战场。"我住在丛林中一所孤零零的房子里——这是不被邻居打扰的完美地点。"他说。他每天花三个小时冥想静修。

其实青少年时代的迈克尔便对做梦很着迷，他当时就断定自己是精神病，并开始自学心理学。他短暂迷恋过弗洛伊德和荣格的理论，但真正打动他的还是东方哲学和东方人的"迷信"行为。45年来，迈克尔一直按照《易经》的原则生活。《易经》是中国古代的哲学书，基于卦象产生蕴含意义的六十四卦。他借助《易经》决定这次夏威夷之旅是否应该去，卦象显示为一口井，于是他赶紧坐到电脑前，买了一张机票。他工作时经常醉酒，但他相信这将帮助他与精神病患者建立起同理心。"我快感最强烈的时候，工作效率也最高。"他自豪地说。

他希望如果他学会了清醒梦，那么无论魔鬼用什么法子逼迫他做不道德的行为，他都能面对。他想："认识到我一直存在的担忧和关注的虚幻本质还是不错的。"

第一天，我想当然地以为帕维尔是强壮而安静的人。不过到第二天午餐时，我发现我最初的印象显然是错误的；他一直就是昏昏欲睡的样子。当帕维尔说起改变自己生活的自助技巧时，终于变得精神起来。他不吃肉类、奶类等食物，不喝酒，但经常戴价值 500 美元的耳机，因为能给自己的头皮带来轻柔的电击感。他非常崇拜一个训练自己用周期性的 20 分钟小睡代替整晚睡眠的人。他向我保证，只要我学会了障眼法，这本书的写作速度会快上五倍。随着他向我描述一个个新的生存技巧——全息呼吸法、感官剥夺术、冥想静修——他自己的精气神也越来越强烈；他让我想到了一个旋转的玩具或者陀螺，转得越来越快，而我也很好奇如果他停下来会发生什么事——会变成一个赛博格（cyborg）①，还是一台经过充分优化的机器？他要把自己设计成什么呢？

甚至那些与我们大多数人所谓的现实只有松散联系的参与者，也多半意识到他们的爱好可不是普通话题。自认为具有"高能量"的特丽莎是一位时尚摄影师，这次来卡拉尼，只告诉了几位密友。"如果我告诉人们去学习清醒梦，我感觉肯定有人下结论说我疯了，"她说，"所以我只是对外人讲我要去夏威夷度假。"

一位神经学家和一位波士顿企业家对研制清醒梦诱导装置很感兴趣。为了了解其市场状况，他们特意报名来度假村参加会议。三天后，他们改签航班后离开了。这正是我开始嘲笑卡拉尼的规则并利用糟糕的网速在我的笔记本上收听全国公共广播电台（NPR）《新闻晨报》的那段时间。我并不介意那些像薄纸墙一样一戳就破的新闻，我只是需要片刻的常态。

在折磨人的试错阶段结束的时候，斯蒂芬这位斯坦福大学的学

---

① 赛博格指半人半机器的生物，也称"电子人"或"生化人"。——译者注

生，创造了一个强大的体系；该体系不仅能够让他无论什么时候都能如愿地做清醒梦，而且还适用于其他人。斯蒂芬方法的核心——或者说必要条件——是他所谓的现实测试。积极的清醒梦者应当养成一个习惯，即全天都按一定的时间间隔询问自己处在清醒状态还是睡眠状态。因为白天的日常生活会闯入我们的梦境中，所以我们应当在睡觉时提出同样的问题。如果我们能够充分理解的话，那么就会反应过来，我们处在睡眠状态，而且清醒梦即将开始。早在20世纪60年代，神秘的新时代作家和人类学家卡洛斯·卡斯塔尼达（Carlos Castaneda）就提到过一项类似的技巧，他声称是从一位墨西哥巫师那里学来的：在白天的时候仔细观察你的手，并询问自己是否正在做梦；当你在一个梦境中注意到你的手时，你应当意识到你睡着了。

有效的现实测试需要你在世界上重新定位自己，面对周围环境培养一种怀疑的态度。世间万事都是本该如此吗？寻找周围环境可能不真实的线索。

- 检查你的手：每只手的手指数量还正常吗？
- 检查钟表，再检查一次：能看到合理的时间流逝吗？
- 找到一个光亮的表面：你反射回来的样子是真实的还是扭曲的，就好像在照哈哈镜一样？
- 跳起来：你又落回地面了吗，还是你突然获得了飞行的能力？

梦境世界时刻处在变化之中，检查你的环境是否稳定。退出一个场景，然后再进入一次。你是在一个不同的房间里吗？找一段文字，比如说书脊上的字、括号中的词、一封电邮，把目光从上面移开，然后再回来看一遍。如果你是在梦境中，这些词在你第二次端详时可能已经发生变化了。

"有人认为这可能是一个梦吗？"斯蒂芬演示了一次现实测试。

一片安静。我们瞟了一眼周围的人，就像一群听到随堂测验后吓了一跳的学生。

"你们有把握在接下来的10分钟或一个小时里在床上不醒过来吗？"

迟疑着点头同意。

"但你们是怎么知道的呢？"斯蒂芬问，"这种假定的证据是什么？"

"我飘不起来。"一名勇敢的男士大声喊道。他静静地坐在他的椅子上。

"你把这个叫作尝试吗？"斯蒂芬也喊了起来。他怀疑的态度很夸张，嗓门也提得很高，似乎包含着一丝愤怒。"你那个不是真正的尝试！"斯蒂芬挺直了腰板，仿佛试图从椅子上浮起来，他的脸部因想象着用力而变得扭曲。他跳起来，眼睛睁得大大的，好像满怀希望。但他落回了自己的座位上；他无法漂浮起来。他是清醒的，也阐明了自己的观点。一个严格意义上的现实测试需要用你的身体乃至意识真实地思考你处在梦中的可能性。

现实测试和梦境一样具有特殊性；适用于一个人的现实测试未必适合另一个人。包含飞行的现实测试是供那些已经进入梦境的人

WHY WE DREAM
梦的力量：梦境中的认知洞察与心理治愈力

进行测试的最佳方法。对于文化水平更高的梦者而言，依赖阅读的现实测试较为合适。另一个因素是，梦者对自己的日常生活被扰乱和因自己非同寻常的举动成为被关注对象的容忍程度。如果你不介意自己看上去稍微有些精神错乱，可以试着用一只手的手指穿过另一只手的手掌（如果你的手能穿过的话，你就是睡着了）或者捏住你的鼻子并试着吸气（如果鼻孔都堵住了还能呼吸的话，你就是在做梦）。

多数初学者都希望一天做10次或12次现实测试。一些人发现每小时设一次闹钟很管用，其他人则偏爱自然提醒，每当完成某些日常活动时（如穿过门厅或照镜子）便检验他们的意识状态。为了做现实测试，斯蒂芬给了我们每人一个物理助忆装置——一只印有你的梦境唤醒指令的蓝色腕带。在这一周余下的时间里，你会看到人们在说话时思想开小差的情况——时不时瞟一眼自己的手腕，抬眼盯着不远处，然后再低头看自己的胳膊，检查腕带是否依然显示相同的信息。

实际上，从早上记梦境日记到全天检查现实状态、从睡前冥想到在晚上重要时刻醒来，学习清醒梦的过程可以渗透至一天中的每时每刻。你思索梦境的时间越多，越能把睡眠的世界和清醒的世界联合起来，就像你希望把有意识思维带到梦境中一样，你也可以将梦境引入白天的生活。斯蒂芬鼓励我们，每当我们醒来时，尽可能详细地记录下我们的梦境，以便培养梦境回忆能力——这也是做清醒梦的先决条件。他还建议我们，在试图做清醒梦之前，每个晚上至少记住一个梦境。这种练习会对我们自己的梦境产生强大的示范效应。通过分析我们的梦境日记，我们应该能够发现自己的梦境标志——帮助我们确认梦境中反复出现的主题或特征。它在环境中可能是个反常事物，或者你能感觉到它很特别。对一些人而言，梦境标志是一个特定的、出现扭曲的物体或牵强附会的情境；对其他人来讲，它可能是早已去世的一个亲属现身或天外生物出现。斯蒂芬的一个梦境标志是一枚隐形镜片从眼睛里掉了出来并开始"像某种超级原生动物一样繁殖"。我的一个梦境标志则是我成了一辆无人驾驶汽车的乘客；另一个是我有一个行李箱，无论我怎么往外取行李都取不完。不过有时当我注意到一个很难分类、不太可能出现的情形时，我会变得清醒起来：为什么这20个人赖在我的床上说话，还不让我睡觉呢？为什么我的电脑中的文件都消失了呢？

就像意念有助于改善梦境回忆一样，它在让梦境变得清晰方面也是一个重要因素。斯蒂芬要求我们尽可能经常性地思考清醒梦，在就餐时间和课间讨论我们的梦境。当我们下午的学习结束时，他为我们播放《楚门的世界》(*The Truman Show*) 和《最后大浪》(*The Last Wave*) 之类的梦境电影。上午，我们分成若干小组讲述我们所能记住的任何梦境，回忆我们遗漏的梦境标志，祝贺那些报告做了清醒梦的人。这一天的活动太古怪了，所以我们做现实测试也算合乎情理。我们创造了一个环境：在这里，睡觉和清醒之间原本非常严格的界限变得非常模糊，所以产生我们是否在做梦的好奇心也是可以理解的。

晚上的时间我们做冥想。这种活动与清醒梦乃至整体梦境回忆都是有关联的。冥想就像交叉训练大脑做清醒梦，磨炼基本心智敏

WHY WE DREAM
梦的力量：梦境中的认知洞察与心理治愈力

锐度和意识，希望将思维模式平移到梦境状态。1978 年，心理学家亨利·里德（Henry Reed）发现定期冥想者对做冥想之后的日子里做的梦有更清晰的记忆。最近，心理学家杰恩·加肯巴赫（Jayne Gackenbach）也注意到冥想者和非冥想者在梦境回忆方面存在差异；在作为研究对象的 162 位大学生中，那些定期冥想者平均每周可以记住 6.2 个梦境，而那些非冥想者在同期只能回忆起 5.1 个梦境。

在深夜里更容易做清醒梦，此时的快速眼动睡眠阶段较长，梦境已经有更完整的故事情节而且也很紧凑。其中一个最可靠的诱导方法是把目标锁定在最后的睡眠阶段。斯蒂芬教给我们的方法是，将闹钟设在三四个快速眼动睡眠阶段后（或者进入睡眠四个半或六个小时后）唤醒自己。而那些把握时间超好的人不用设定闹钟，而是设定一个意念，通过敏锐的意志力在计划好的时刻唤醒自己。保持清醒状态 30~60 分钟：下床，做一些安静的活动，如阅读，最好是清醒梦类的书籍。记录你刚刚醒来之前的梦境并在心里回放它；一遍一遍地再现，直到你用心记住它为止。接下来，想象你又做了一次这个梦，但这一次请将注意力集中在你可能正在梦中变得清醒的那一刻——这是你错过的一个梦境标志，譬如说，是不是只有你注意到了你长着翅膀或者你的朋友只有一枚顶针那么大。然后你继续睡觉。从本质上讲，这些较为靠后、历时较长的快速眼动睡眠阶段为清醒梦提供了肥沃的土壤，而且正如斯蒂芬所指出的那样，你将拥有最好的机会记住让自己变得更清醒的目标。"此时此刻，你更容易记住从现在开始的两分钟内而不是两个小时内要做的事。"

在另一个诱导方法中，梦者可以直接从清醒状态过渡到清醒梦中。如果你在从清醒到睡眠的过渡阶段盯着引发幻想的催眠画面，可能会跟着画面一直进入梦境中。"如果你保持意识足够活跃，而与此同时进入快速眼动睡眠阶段的倾向又很强，那么你会感觉你的身体进入了睡眠状态，但你的意识依然保持清醒，"斯蒂芬写道，"接下来你就明白了，你会发现自己完全清醒地处在梦境世界里。"这些从清醒状态诱导的清醒梦可能通常只面向靠后的快速眼动睡眠阶段，或在白天小睡期间，处在这个时间段的梦者可以迅速进入快速眼动睡眠阶段。"请尽可能仔细地观察图像，以便让它们在呈现的时候被动地反映到你的意识里，"斯蒂芬建议，"你在这样做的时候，尽可能尝试采用一个超然观察者的视角。"静止图像应当按照维持不变的顺序一同出现，而且当它们变得更加鲜明的时候，他继续说道："你应当允许自己被被动地拉进梦境里。"这一技巧从未在我身上发挥作用——我看到催眠图像后很放松，便直接睡着了——但有些在冥想方面比我更熟练的人非常信赖这种方法。

在发现自己正在做梦后，没有经验的清醒梦者经常过于激动以至于从梦中醒过来。但一旦进入的是清醒梦状态，你可以借助技巧延长梦境。当年斯蒂芬在斯坦福大学最早做清醒梦实验时，他有时会陷入一个常规梦境中或刚一进入清醒梦状态就醒了。但他发现，如果能在梦中创造出处在现实世界的感觉，留在梦境状态的机会将会增加："只要做到专注便足以让这种状态稳定下来。"为了锁定梦境中的身体，他在实验过程中采用了各种招数，如掌心相贴双手摩擦和快速旋转身体。如果他展开双臂，做出像陀螺一样旋转的动作，通常就能让自己在梦境里坚持足够长的时间，进而实现自己的目标。他总结的另一个有用的方法是在梦中重复一句咒语，如"这是一个梦,这是一个梦"或"我在做梦"。

以为任何事物都能出现在清醒梦的世界里是一个误解,影响梦境比完全控制它更容易些。梦境中的规律比现实世界中的更灵活些,但它们依然顺应现实世界,不过因人而异。一个清醒梦者有可能会溜冰但不会飞行;一个人或许能改变天气但不能改变环境。并非所有障碍都能被排除掉,而且就像在现实生活中一样,类似这样的诱惑同样可以令梦者无法专注于自己的目标。清醒梦还有一个最令人困惑的特质,这就是梦境中的其他角色似乎具有独立的活动能力;同样在现实生活中,我们也很少能控制他人的行为。

清醒梦的流行程度很难评估,定义上的不一致也令问题复杂化;清醒度是一个范围,在"清醒"这个术语所暗示的意识和控制水平方面,科学家们的意见并不统一。那些追求完美的人会这样想,一个清醒梦者对自己在现实生活中的细节肯定能拥有完全的控制力吗?而那些不拘泥于细节的人可能会问下面的问题,他肯定能控制梦境的呈现方式吗?或者说,一个模糊的意识就足够了吗?

经常性的清醒梦似乎在儿童和青少年中最为常见。一项研究显示,六七岁的孩子做清醒梦比大孩子和成年人更频繁。其他研究也显示,那些容易做清醒梦的人"对认知的需要"异乎寻常地高,而且拥有一个强大的"内控点"。他们通常心思缜密,认为有责任对发生在自己身上的事负责。若干在清醒梦论坛上非常流行的研究显示在清醒度和创造力之间存在联系。

生活方式的选择和爱好也会影响梦境模式。电脑游戏爱好者做的清醒梦通常比不玩游戏的人多，甚至他们的非清醒梦更加离奇，并融入了超自然或地外场景。在一个可能属于自我实现的循环中，无论游戏玩家还是清醒梦者都比普通人拥有更好的空间意识而且不太容易患上晕动症。"游戏与梦境主要的相同点是，在两种情形下，不管是从生物学构造还是从技术构造的角度看，你都是处在一个交替出现的现实中。"杰恩·加肯巴赫说。同样的原理或许可以解释为什么运动员做清醒梦的概率很高——他们花费精力开展运动训练的时间可以帮助他们控制自己的梦境。德国人一项针对数百名职业运动员的研究发现，他们可以记住的大约 14.5% 的梦境是清醒梦，与此形成对照的是，普通人中只有 7.5%。甚至更加值得注意的是，绝大多数做清醒梦的运动员有 79% 都是自发地开始做清醒梦，不需要采取任何特殊手段。

2016 年，一份汇集 50 年有价值的研究成果和 24 000 多位调查对象的梦境报告出炉。这篇元分析报告堪称迄今为止该领域中最为全面的一篇综述。它得出结论称，55% 的人在某一时刻体验过清醒梦，将近四分之一的人至少每月做一次清醒梦。科学家联合清醒梦者所做的研究通常也做出类似的估计。那些可以在他们选择的任何一个晚上做清醒梦的人需要有高超的控制力，这些人非常少，都是研究人员一直追逐的对象。荷兰认知神经科学家马丁·德莱斯勒（Martin Dresler）花费相当多的时间招募、访谈和观察在世的清醒梦者，并称赞那些可以随心所欲进入清醒梦状态的、极为罕见的梦者。"大多数被试都有很高的自我修养，"他说，"他们多数人都不喝咖啡、不喝酒、不抽烟。"

外界都知道斯蒂芬爱喝啤酒，他也愉快地承认，自己并不符合德莱斯勒定义的那种自律之人。他坚持认为，性别、年龄、性格和饮食习惯之类的个体差异与所有清醒梦者所共有的一种特质相比简直不值一提，那就是很高的梦境回忆程度。青少年做清醒梦的频率可能较高，但他们也更有可能记住他们的普通梦境。

斯蒂芬的书喜欢使用鼓励人心的语气，"你能行！"即便不是打包票的话，这也算是一句金科玉律了。但对于其他需要微妙的意念控制的活动，如冥想和正念，那些控制力差的人可能因勉力去做而失败。德莱斯勒给我举了一个例子：一位被试接受了为期六个月的清醒梦训练，依然不得要领，但当他不再刻意追求这一目标后却取得了成功。

尽管斯蒂芬乐观而包容，但是否每个人都能做清醒梦的问题一直没有定论。并非每个人都能自然而然地做清醒梦。我遇到过好几个人——一些人在徒劳无功地尝试后来到卡拉尼度假村碰碰运气；另一些人的挫败感只是刺激他们在派对上把我逼到墙角并讨要诀窍——他们尽管非常努力，但从未取得成功。他们坚持认为，是否一丝不苟暂且不论，但他们都勤奋地执行了斯蒂芬传授的所有技巧，如每个小时做现实测试，甚至有时都不顾及社交礼仪，重新制定他们的睡眠安排，以及在夜半时分冥想等。另外，我们在卡拉尼所遵循的生活规则并不适合每个人。有三四个人在度假村做了人生的第一次清醒梦；而我在讲习班期间做的清醒梦次数比我过往任何一周做过的清醒梦都多；也有少数似乎最渴望做清醒梦的人却从未成功过。

第 10 章 我们能控制梦境吗

2012 年，由海德堡大学塔达斯·斯坦伯瑞斯（Tadas Stumbrys）领导的一个欧洲心理学家团队检索了有关清醒梦诱导的学术文献，共找到 35 篇论文，其中最早的可追溯至 1978 年。一些论文涉及特定人群，如儿童和梦魇患者；一些论文以传统的大学生群体为研究对象。这些研究包括了现在首选的诱导方法——现实测试与冥想做清醒梦的愿望——以及某些牵强附会的方法。1978 年，英国心理学家凯斯·赫恩（Keith Hearne）试图通过用注射器将水喷到正在睡觉的大学生脸上诱导清醒梦。几年后，他还对他的被试的手腕实施过电击。

总的来说，该团队发现这个领域深受糟糕的方法论的困扰。样本规模从 94 位到仅仅四位被试不等。斯坦伯瑞斯也未发现任何一种诱导方法完全可靠。在分析了相关数据后，他得出结论称："尽管某些清醒梦诱导方法看上去很吸引人，但大多数方法仅产生微弱的效果。"他发现了若干最佳认知技巧，如设定一个意念和现实测试，而不是采用一种外部刺激或服用补剂或药品。

不过在那些研究中，多数研究的结果仅仅源自有限的几个晚上；被试并没有时间练习斯蒂芬提出的那几个常用的方法。2016 年，英国北安普顿大学心理学讲师戴维·桑德斯（David Saunder）设计了一套实验周期更长、更自然的清醒梦诱导研究方案。他招募的是此前三年未经历过哪怕一次清醒梦的人，并安排 15 人进入对照组，20 人进入实验组。实验组接受的是斯蒂芬技巧的指导：学习记梦境日记，在每周结束的时候从日记中寻找梦境标志，练习现实测试，并按照他们做清醒梦的意念冥想。就像卡拉尼的清醒梦爱好者这样，他们都佩戴上镌刻着问题"我在做梦吗"的腕带，并被指导利用它们做全天的现实测试。桑德斯每周通过电话检查他的被试，提醒他们注意自己的作业安排并了解他们的梦境。在为期12周的实验周期内，实验组中有九人（占45%）成功诱导实现清醒梦。实验结果表明，腕带是实验计划中最有效的设计；在这九个人当中，有六个人获得的清醒梦是通过在梦中看腕带触发的。

新的研究继续提供了鼓舞人心的结果。在澳大利亚科学家于2017年发表的一项研究报告中，169位成年人练习了不同的诱导方法，在仅仅一周内，45%的被试至少做了一次清醒梦。最有效的策略是将定期现实测试与入睡五个小时后醒来结合起来，并在重新入睡的同时重复执行做清醒梦的目标；53%遵守上述指导的被试成功地做了一次清醒梦。

努力与成功之间的关系并不是线性的，很多人甚至在没有相关意念的情况下便开始做清醒梦。你或许在刚刚了解到可能存在清醒梦之后便做了一个清醒梦；你或许按照斯蒂芬的方法锻炼了几周之后才获得了一点儿模模糊糊的认识；你或许一直在徒劳地练习但只有在你放弃之后才取得成功。"我们有一些可能对每个人都适用的建议，"德莱斯勒说，"但现在我们没有数据。"

斯蒂芬经营这个度假村，并非只是为了挣点零花钱，而是为了分享清醒梦的乐趣。讲习班还为他提供了一种推动清醒梦研究的方式。它们赋予他与一群愿意参与他的研究的人合作的权力，尽管这些研究并未获得实验室的证实。

第 10 章 我们能控制梦境吗

今年在卡拉尼，这项传统依然在继续。连续三个晚上，我们中那些同意参加斯蒂芬笼统地称作"实验"的人都会领到无标记塑料包装的特大号胶囊和使用说明：我们在第三个快速眼动睡眠阶段之后将胶囊吞下，利用 30~60 分钟时间冥想或记梦境日记，然后继续睡觉。三份包装里有一份安慰剂药片和两份加兰他敏（galantamine）[①]——一种治疗阿尔茨海默病的药物。乙酰胆碱是一种在神经细胞间传递信号的化学物质。阿尔茨海默病患者会遭受对乙酰胆碱产生响应的神经元减少之苦，这种不平衡状态可能导致他们记忆力衰退。加兰他敏是一种乙酰胆碱抑制剂类药物，作用是阻止乙酰胆碱在大脑中的分解。离奇梦境是这种药物的一种副作用；它减少"快速眼动睡眠的等待时间"（指入睡开始至第一阶段快速眼动睡眠之间的这段时间），并增加"快速眼动睡眠密度"（测量与梦境强度相对应的眼球运动频率的指标）。

加兰他敏会改善痴呆患者的记忆力，同样地，它应该会提高梦境状态下的头脑清醒程度。多年来，斯蒂芬已经为 100 多位积极的清醒梦者开出了不同剂量的加兰他敏和其他乙酰胆碱抑制剂。他的结果很有价值。对于那些熟练的清醒梦者而言，他发现他们服用加兰他敏的晚上做清醒梦的概率比服用安慰剂的晚上高出五倍。尽管还未在任何一本同行评议杂志上发表这些调查结果，但由于在国际梦境研究协会的成果展示和口头传播，他已经推动产生了一股正式和非正式研究热潮，并刺激市场推出了名为"加兰他敏得（galantamind）"的补剂。清醒梦网上活动小组都在热衷于分享加兰

[①] 可以不凭处方直接购买，也可以作为受 FDA 监管的处方药购买。

他敏助力成功的鼓舞人心的故事。"服药后的第一个晚上，我便做了一个又一个清醒梦。"世界清醒梦论坛（World of Lucid Dreaming Forum）的一位会员写道。"在服这种药的大部分时间里，我都会做不同凡响的梦——通常是飞行梦和让我心动的旅行美梦。"另一位会员证实。一位研究人员调查了19位坚持日常服用加兰他敏的清醒梦者，并发现此类清醒梦与吸食毒品后所诱导的清醒梦存在质的差别：它们比通常的清醒梦更生动、更稳定，持续时间也更长。

不过加兰他敏并非灵丹妙药；它有可能诱发令人不快的副作用，如头疼、恶心和失眠。所以除了成功的故事之外，也可见到加兰他敏诱发噩梦的令人警醒的故事。"它让我感觉大脑正在被拉扯和分割。"一位清醒梦者写道。"我一进入睡眠状态就会做这些稀奇古怪的梦，对于这些梦我只能描述为我的脑袋被水下冰山的底部擦伤了，"另一个人证实，"我感觉从床上掉了下来，所有这些嘈杂的尖叫和震动都一起爆发了。真是太可怕了，感觉自己都吓瘫了。"

我们的实验开始的第二天上午，有几个人上课时看上去很憔悴，他们抱怨称，在服用了药片后，就再也没有睡着觉，有一个人整晚呕吐。不过对我来说，加兰他敏是成功的。在服药的两个晚上，我做成了清醒梦，而且再次入睡也没遇到麻烦。当我服用了后来才知道的安慰剂时，我只能回忆起一个普通的、并不清醒的焦虑梦，在梦里我还发现一个熟人也在写一本有关梦科学的书。不过我觉得比加兰他敏更有帮助的是一个事实：我住在了度假村里；在这里，我不用去想日常的杂事，周围的人都和我有相同的目标。我并不认为我在秘鲁做的人生第一个清醒梦出现在另一个时间点是一个

第 10 章 我们能控制梦境吗

巧合。那时候，我一门心思做成清醒梦，而且当时记梦境日记已经成为我的日常生活的一部分。

斯蒂芬一直在勤奋地独自耕耘。他在世界各地组织了十几个小组，并在作为大本营的亚利桑那州统计实验结果。他竭力推动的这一领域一直在取得实实在在的进步，并最终在科学界赢得了尊重。脑电图研究显示，在有规律的睡眠期间休眠的大脑区域开启了清醒梦。2009 年，德国心理学家厄休拉·沃斯（Ursula Voss）发现，额叶——参与逻辑推理、解决问题、自我反省之类的高阶认知过程，而且通常在快速眼动睡眠阶段关闭——在做清醒梦的过程中会活跃起来。她认为清醒梦将清醒状态和睡眠状态的认知元素结合了起来，属于一种"混合意识状态"。

针对斯蒂芬早期研究所做的重复实验和详细阐述已经证实了他的某些调查结果，但其他调查结果还有待深入探讨。德门特发现了梦境活动和眼球运动之间的联系，斯蒂芬的实验便是以此为基础的。不过针对德门特发现所做的重复实验则出现了很复杂的结果，而所谓的扫描假说也变成了有争议的课题。批评者指出，尽管宝宝还不能做视觉梦，但在快速眼动睡眠阶段，他们的眼睛会抖动。支持者则搬来针对盲人的研究作为证据。那些在大约五岁时失去视力的人无法在他们的梦中看到什么；那些在以后的生活中失明的人则保留了某种呈现视觉表象的能力，不过随着时间的推移，那些图像会从他们的梦境中消失。20 世纪 60 年代，一群芝加哥的心理学家对出生时便已失明的爵士钢琴家乔治·希灵（George Shearing）的睡眠做了研究，并注意到他的眼睛只在快速眼动睡眠阶段活动。最近，在以色列理工学院创办睡眠实验室的佩雷茨·拉维（Peretz Lavie）研究了在不同年龄失明的人，并发现这些被试失明时间越久，他们在自己梦中看到的景物越少，他们的眼睛在快速眼动睡眠期间的活动也越少。

和斯蒂芬一样，丹尼尔·埃拉赫尔（Daniel Erlacher）与迈克尔·施瑞德尔的研究显示，在清醒梦境下数数和在现实生活中数数所花的时间相同，但该团队还注意到，身体活动——如散步、下蹲或做简单的体操动作——在梦境状态下要稍微多花些时间。他们分析称：“清醒梦持续时间较长，可能与快速眼动睡眠期间缺少肌肉反馈或较慢的神经过程有关。”斯蒂芬针对握拳和半脑切面所做的研究一直未能重复，但有迹象表明，它们是有可能重复的。在一项研究中，马丁·德莱斯勒和同事请六位熟练的清醒梦者在梦境中握紧拳头。只有两个人设法完成了这个任务，但对这两个人而言，梦中握拳与感觉运动皮层的激活是有对应关系的——现实生活中握拳动作涉及相同的区域。不过，德莱斯勒并未测量手部实际的肌肉运动。"之前的研究已经表明，肌张力缺失明显妨碍执行梦中的手部动作，最多只能看到微小的肌肉抽搐。"他写道。受斯蒂芬研究的启发，一项小型研究探索了将梦中手部握拳转换为实际手部动作的可能性。埃拉赫尔在撰写博士论文期间，要求清醒梦者尝试着在梦境状态下张开和合上他们的双手，与此同时通过脑电图测量他们小臂的肌肉活动。"我们在某些参与者身上发现了微弱的心电图活动，这一点与斯蒂芬最初的研究结果相符，"他告诉我，"但有时，我们没有发现任何脑电图活动。"即便如此，埃拉赫尔说："斯蒂芬的早期研究非常重要。他是一个非常令人钦佩的人。"

第 10 章　我们能控制梦境吗

. . .

科学家们正在寻找清醒梦的用武之地，如智力方面、治疗方面和解决临床问题方面。"如果你希望研究主观体验和它们的神经关联，梦境在这方面是一种极好的方式。"芬兰图尔库大学神经科学家卡特娅·瓦利（Katja Valli）说。她认为准确指出无梦睡眠、普通梦境和清醒梦的神经差异有助于搞清楚意识本身的认知基础。德莱斯勒希望，学会在梦境状态下变得有意识并控制梦境，可以帮助精神分裂症患者认清他们精神错乱的妄想本质。"在正常梦境和精神分裂状态下，人们缺乏对自身当前状态的深刻理解。"德莱斯勒说。在非清醒梦期间，甚至精神状态最稳定的人也只是建立起随机的联系并丧失他们的判断力；梦境状态下的大脑与精神错乱状态下的大脑具有某些相似之处。但在清醒梦中——此时人们有意识但可能缺乏完全的决断力——他看到的是"一个受损的洞察力模型"。如果精神分裂症患者能够掌握清醒梦，那么在接下来的急性期内，"他们可能有一个更好的机会认识到自己处在一个受损状态"。

清醒梦也可以帮助人们应对更普遍的精神障碍（如焦虑）。早在 20 世纪 60 年代，德国心理学家保罗·托雷（Paul Tholey）便凭直觉感觉到清醒梦的治疗潜力。托雷和父亲的关系一直很紧张。父亲去世后，他在自己的梦中受到长相和父亲相仿之人的霸凌和训斥，心里惶恐不安。他的恶魔父亲在他的清醒梦中现身时，他条件反射般抓住机会发动进攻，有时成功地把他的父亲变成一个很猥琐的人——通常是一个侏儒，偶尔也会变成吸血鬼。但他从这些胜利中获得的满足感总是到了早上就会消退，而那个气势汹汹的家伙还会卷土重来。一天晚上，托雷决定换一种策略。那个家伙开始还是老套路，但这次托雷并未大声斥责，而是主动与其对话。他谴责父亲偷偷潜入自己的梦境之中，但也承认父亲的某些批评是公正的，而且二人还握了手。"这个清醒梦对我未来的梦境和现实生活具有解脱和鼓励的效果，"托雷写道，"我的父亲后来再未以具有威胁性的梦境人物出现过。"

为了从这次经历中总结出更具普遍意义的原则，托雷开始用自己的学生做实验。他怀疑人们可以在安全的梦境状态下通过刻意制造问题并解决它们来改善自己的心理健康。在一系列研究中，他指导清醒梦者在梦境中寻找一个可怕的人物或处境。如果梦者发现自己漂浮在一座池塘的水面上，他应当故意沉到水底。如果他在一座辽阔的牧场上感到兴奋，他应当去寻找一片黑森林。一旦梦者找到了一个对手，他应当拒绝攻击的念头，而是尝试着和解。在将这项任务布置给62位清醒梦者后，托雷设法收集了282个包含危险角色的梦境；在其中三分之一的梦境中，梦者成功地与那个梦中对手达成和解。一个有效的方法是他自己发现的，即以一种友好对话的方式吸引对手。直视对手的眼睛也可以实现休战。而且正如托雷所希望的那样，这些想象中的和缓政策的余威可以很好地延续到梦境之外——在托雷的被试中，有62%的人说他们感觉现实生活中的焦虑在减弱，45%的人证实他们感到情感更加平和。

几乎自打记事以来，莱恩·萨尔韦森（Line Salvesen）便是一个焦虑的人和一个轻松拥有清醒梦的人。小时候，她反复做相同的噩梦并意识到如果确认自己在梦中便能摆脱它们。在一个梦境中，

第 10 章 我们能控制梦境吗

她正坐在一辆汽车的后排座位上,正在开车的父母突然消失了,汽车撞向路边,还是小女孩的她无助地坐在后面,直到汽车撞毁。她想到如果可以把自己唤醒就好了,不过直到她自己学会控制梦境后才一劳永逸地把噩梦驱逐出去。一天晚上,在父母和往常一样消失后,莱恩有意识地形成了一个新计划:她召唤来幼儿园的小伙伴们帮她驾驶汽车。"他们坐在司机的座位上,而且还相互帮助,"她说,"它真的算不上噩梦了。"

直到在一本杂志上读到了一篇介绍清醒梦的文章后,几乎每天晚上都做清醒梦的莱恩才意识到,并非每个人在梦中都有意识。"据说只有一小部分人能够天生做到这些,而我就是这样的人,我很特别吗?"她笑着说。她知道,对她来说,这个习惯就像呼吸一样,完全是直觉使然,但对他人来讲这是一个难以捉摸的目标。

莱恩尽管有特殊本领,但在十几到二十几岁之间一直被强烈的焦虑感所困扰。"我始终感觉压力很大,"她告诉我,"我感觉不到有任何控制力。"她试过治疗和冥想,但没有任何效果。"这让我觉得生活真难,"她说,"我高中最后一年的生活都毁在它手上。"她开始逃课,因为尽管她每天晚上睡 12 个小时,但还是太疲倦了,学习成绩也直线下降。为了接受更密集的治疗,她在第一份工作期间休了病假。

在一次虚拟梦境会议上认识清醒梦专家罗伯特·瓦格纳(Robert Waggoner)之前,莱恩基本上是把清醒梦当作玩物,但瓦格纳认为,他们或许可以帮助她找到消除焦虑的办法。在接下来的一次清醒梦中,她遵循了他的建议。"我告诉自己,一周之后我就会快乐起来,而且也不再有焦虑。我在梦中满怀信心地大声说出来。"

当她醒来时,可以感到内心发生了某种变化。"就好像我的焦虑刚刚被消除了一样。我欣喜若狂。"她的理疗师几乎不能相信她一夜之间发生的转变。"我走进他的办公室,他刚好可以看到我像换了一个人。当我告诉他我所做的一切时,他差点从椅子上掉下来。"她沉静的新感觉出现了持续迹象,而当这种感觉开始衰退时,她便在下一次清醒梦中重复自己的咒语。她依然遭受偶尔的恐惧袭扰,但内心的焦虑再也没有了当初的势头。

与此同时,运动科学家也盯上了清醒梦,把它作为一种锻炼和提高运动成绩的工具。在 21 世纪前 10 年所做的一系列实验中,迈克尔·施瑞德尔和丹尼尔·埃拉赫尔让清醒梦者尝试利用他们的梦境改善身体活动能力。在一项研究中,让 40 人尝试着将一枚硬币投到约六英尺远的一个茶杯中。后来,一个实验组被允许做投掷练习,另一个实验组则试图在清醒梦中培养投掷硬币的能力,还有一个对照组什么都不做。当每个人再次尝试这项活动时,那些在梦中做过练习的人的成功率达到了 43%,而对照组的准确率仅有 4%。

最近的研究证明,斯蒂芬的很多早期研究成果都是正确的,但他对未能走上学术道路并不感到惋惜。他的书依然在卖。他的粉丝依然热情似火,他的讲习班依然门庭若市。或许他在梦境状态下所拥有的精神体验令他不再那么雄心勃勃。他做过一个清醒梦,用了半个小时的时间才重新整理出来:他漂浮在天空中,周围是星星点点的宗教标志,他体验到了人与自然世界合二为一的感觉,就仿佛他的身体融入一个"意识点"中。他醒来后对死亡的恐惧减弱了。清醒梦给了他很多、很多。

后记

EPILOGUE

我的夜生活

  自从秘鲁那个夏天开始，我一直在坚持记梦境日记，这也是我唯一保存的日记。每当我试图记传统日记时，就感觉很僵硬、很难为情，而且没有可遵循的文字结构，所以就败下阵来。但记录我的梦境却是件很轻松的事。通过自我训练，我一醒来便将注意力集中在梦境上——透过清晨的薄雾拯救一个意象或一种感觉，跟踪一条线索，直到能够回忆起整个故事或场景。我的梦境日记的条目变得越来越长，也越来越精细，它们已经从简单的场景和印象演化为每次醒来后完整的故事叙述。我喜欢看到能够证明我的无意识状态、生活状态，以及感觉和所作所为的证据。不管梦境对日常生活的影响是大还是小，我都关心它们，因为它们都是我的经历。即使我忘了它们，它们在那一刻也是真实的。

  没事时，我经常翻阅这些日记。它们不仅让我重新进入梦境创造出来的奇异世界，也回忆起激发它们的环境。在大四那年，我对未来的焦虑悄悄滋生。在一个梦境中，我和一帮朋友在草原上骑马缓行,这时我们偶遇一群海豹,它们化身为穿着西服的人并强烈要求我们去当管理顾问。焦虑的种子将这些海洋动物变成了商人,它很可能也是我写给瑞士信贷那封三心二意的求职信的根源(最终也没投出去)。

临近毕业时,我做了很多传统的考试噩梦,还有一个噩梦是我告诉我的教授,我已经把专业改成地貌学了。后来,在找了一个为网上写随笔(通常是心情随笔)的工作后,我做了一个噩梦,梦里一名小报记者在卫生间里撕扯我的照片。我猜测我的内心正在帮我厘清向外部世界展示自我时适度与过分的界限。

当我希望练习做清醒梦时,我专门留出了一段时间。我精心选择了一周,在此期间,我不希望遇到任何重大生活事件或伴有精神压力的改变。我特别勤奋地记我的梦境日记。我戴上了从夏威夷带回的那款亮蓝色的手镯,它提醒我从梦中醒来,尽可能记住用它做现实测试。我在手机上使用一款名为 Headspace 的冥想 App。我不会去设定半夜的闹钟,但不知怎的,我经常在凌晨醒来,而且如果我尝试做清醒梦,我也不会为在早上四点醒来而感到惊慌失措;相反,当我继续睡觉时,我会珍视集中我的意念去实现清醒梦的机会。学习清醒梦的一大乐趣——哪怕只是尝试这么做——在于训练强化甚至重新校准现实体验的方式。深夜的那几个小时充满了机遇感而非焦虑感。

搞清现状后,我更相信自己的梦境了。我相信它们不仅与现实世界里的行为有关联,也与半清醒状态下的思想和幻想有连贯性。我相信我的梦境帮助我处理好了浪漫关系并澄清了对友谊的理解。

后 记

最近,我注意到一位失去联系的老朋友连续在我的梦里露面,但我自己清楚,我并不想重新取得联系。不过她通常只是背景人物,让人感觉她处在不协调的情境中。她要么出现在我的芭蕾舞课上,要么来参加一次公司组织的圣诞派对。我在白天时仔细思考了这些梦境,意识到我并未像此前想的那样结束这段友谊。我决定给她发短信,并最终修复了我们的关系。

正如我们在过去的二三十年里对梦境的了解那样,如果任何一项新技术取得了成功,研究的步伐便有可能大大提速。科学家们依然对依靠被试描述自己的梦境持批评态度;功能成像技术可以显示大脑的哪些区域在睡眠期间是活跃的,但还从来没有办法知道人们是否诚实记录了自己梦境的细节。这种状况可能很快就会发生改变。一个由神经科学家堀川友慈(Tomoyasu Horikawa)领导的日本科研团队试图实时破解被试的梦境内容,并于2013年发表了这项研究的成果。堀川让三位年轻男性被试在一台功能性磁共振成像仪(fMRI)内小睡几次,与此同时借助脑电图机记录他们的脑电波。当他看到他们进入快速眼动睡眠阶段时,便唤醒他们并让他们描述自己的梦境。在从每个志愿者那里收集了至少200个梦境片段之后,他编译了一份最常出现的图案清单,如汽车、计算机、书籍、女人和男人之类的事物。接下来,堀川监控三名被试在观看包含那些元素的图像时的大脑活动,然后利用相关数据编纂了一本原始的梦境类别电子词典——将特定的功能性磁共振成像图形与梦境元素关联起来。当三名被试继续睡觉时,堀川检查功能性磁共振成像扫描结果并猜测他们正在梦到什么图案。凭借令人惊奇的准确性,这个算法猜测的结果匹配上了被试的梦境报告。不过,它并非一台精确的

WHY WE DREAM

梦的力量：梦境中的认知洞察与心理治愈力

梦境阅读器——它无法说出梦者梦到的是哪个男人、哪个女人、哪本书或哪辆汽车，或者围绕梦中事物产生了什么样的情感——不过它正在向这一目标迈进。

与此同时，马特·威尔逊预言，研究人员将继续依靠大鼠的帮助。正如加埃唐·德拉维利昂在小鼠中发现了通过梦境操纵记忆的可能性，所以他非常期待这一发现在大鼠身上得到证实。"我认为答案将来自大鼠模型，"他说，"我们试图在非常精细的层面上影响梦境内容，也就是在做梦期间悄悄创造新内容，对于这一点，我们非常感兴趣。这就是选择性学习的概念（换句话说就是奖励信号的配对操作），理论上讲，如果你能通过操纵梦境内容或者通过有选择地强化某些梦境内容让大鼠学习特定的事物，那么便能够控制其学习过程。"

当我开始写这本书的时候，我还担心对梦境了解太多可能令其失去神秘感，因为正是这种神奇元素首先吸引我选择这个主题的。在此很高兴地告诉各位读者，正是在无意识状态下了解到我的大脑创造的新世界，我才发现梦境本质上的古怪特性是令人愉快的，而且在很多方面始终高深莫测。就像知道了多巴胺激增与坠入情网有关但不会减少喜悦一样，知道了梦境的神经基础也不会降低我们的愉悦感或对那些记忆感到恐慌。很少有人像威廉·德门特那样深谙梦境背后的生物学机制，但即使这样，在梦到肺癌后，他还是把烟戒了。艾伦·霍布森本人是反对弗洛伊德理论的，但他几十年来不仅坚持详细记录梦境，甚至觉得自己的梦境日记非常值得出版。在《弗洛伊德没做过的 13 个梦》(*Thirteen Dreams Freud Never Had*) 一

后　记

书中，霍布森利用自己的梦境阐明了与梦境有关的生物学过程以及自己人生的情感弧线。他并不认为那些实验是矛盾的。

即使我能识别出梦境中的图案和主题，但我依然时不时地对自己大脑中浮现的特定意象和故事情节感到惊奇。我们可以在混乱之中找到某种秩序感，但我们远未搞清楚为什么某个记忆与另一个记忆纠缠在一起，或者为什么我们的大脑选择在某个晚上呈现某个特殊场景。而梦境的诱惑力就在于我们无法充分解析它们。最近的一天晚上，我在梦里照顾一个只会说西班牙语、没有躯体的日本婴儿。在另一天晚上，我梦到在一间专门接收退休数学家的养老院里拜访了作家珍妮特·马尔科姆（Janet Malcolm），并就如何组织我这本书听取了她的建议。我的一些梦境并不激发什么灵感，也不翻出陈年记忆，甚至什么意义都没有。它们奉行逃避主义，允许我超越平凡的现实世界。它们富有娱乐性。它们是我曾经生活在梦里的证据。

我清晰地记得第一次看到一个人类大脑的情景。那是在我上九年级时的科学教室里，它就漂浮在一个盛有福尔马林的高架容器中。一天放学后，我磨蹭到其他人都走了，便找来一个凳子放在桌子上，然后爬上去，目瞪口呆地看着大脑。这一小团黏糊糊的管状物怎么就能控制我身体的各个部件呢？我大为惊奇。我开始告诉人们将来我要当神经科学家。这个白日梦并未持续太长时间，而我在好多年里也再未想过那个大脑的事，但在写这本书的时候，我却经常感受到几乎已经忘记的那种敬畏感。

心理学家鲁宾·奈曼曾经声称，在我们的文化中，梦境的丧失构成了一种真实存在的公共健康危害。当干扰快速眼动睡眠的药片被如此频繁地服用时,我认为现在尤为关键的是认识到梦境对于心理和认知健康的重要性。众所周知,常见药物(包括阿片类、苯二氮䓬类药物和某些抗抑郁药)均会抑制梦境,所以让我们谈论梦境吧!让我们把它们当作真实而深厚的体验吧!让我们为它们在人类世界里争取到应有的地位吧!

Why We Dream: The Transformative Power of Our Nightly Journey

Copyright © 2018 by Alice Robb

Published by arrangement with Zachary Shuster Harmsworth LLC, through The Grayhawk Agency.

Simplified Chinese version ©2020 by China Renmin University Press Co., Ltd.

本书中文简体字版由 Zachary Shuster Harmsworth LLC 公司通过 The Grayhawk Agency 公司授权中国人民大学出版社在全球范围内独家出版发行。未经出版者书面许可，不得以任何方式抄袭、复制或节录本书中的任何部分。

版权所有，侵权必究。

北京阅想时代文化发展有限责任公司为中国人民大学出版社有限公司下属的商业新知事业部，致力于经管类优秀出版物（外版书为主）的策划及出版，主要涉及经济管理、金融、投资理财、心理学、成功励志、生活等出版领域，下设"阅想·商业""阅想·财富""阅想·新知""阅想·心理""阅想·生活"以及"阅想·人文"等多条产品线，致力于为国内商业人士提供涵盖先进、前沿的管理理念和思想的专业类图书和趋势类图书，同时也为满足商业人士的内心诉求，打造一系列提倡心理和生活健康的心理学图书和生活管理类图书。

《干掉失眠：让你睡个好觉的心理疗法》

- 一本写给被失眠折磨到崩溃、熬夜到发指、天天都觉得好困的你的科学睡眠管理书。
- 基于心理学行为认知疗法，通过科学系统的睡眠管理方法于个性化治疗相结合，有效地帮助有各种失眠症状的人。

《情感失明：开启自闭症人格开关的脑科学实验》

- 一场探寻自闭症患者大脑可塑性问题的科学实验。
- 一个关于情感本质感人至深的非凡故事。
- 揭开了大脑科学改变人类未来的帷幕。